数学实验

张智丰　编著

科学出版社
北　京

内 容 简 介

本书主要介绍利用MATLAB软件和Mathematica软件解决一系列数学问题的计算方法,全书共39个实验.将一些常用的软件命令分散在各个实验中介绍,使得每个实验难度适中,易于学生接受;为了让学有余力的学生能够有进一步学习的内容,在每个实验的习题中安排了选做习题.这类题目一般采用给出一个软件的函数名,让学生通过自学的方法掌握该函数的方法,通过一系列的自学,逐步掌握软件的使用方法.

本书可作为理工经管类本科生数学实验课程的教材,也可供相关研究人员和学生参考使用.

图书在版编目(CIP)数据

数学实验/张智丰编著.—北京:科学出版社,2008
ISBN 978-7-03-022696-9

Ⅰ.数…　Ⅱ.张…　Ⅲ.计算机辅助计算-软件包,MATLAB、Mathematica
Ⅳ.TP391.75

中国版本图书馆CIP数据核字(2008)第119108号

责任编辑:李晓鹏　盛　杉/责任校对:陈玉凤
责任印制:徐晓晨/封面设计:耕者设计工作室

科学出版社出版
北京东黄城根北街16号
邮政编码:100717
http://www.sciencep.com
北京厚诚则铭印刷科技有限公司 印刷
科学出版社发行　各地新华书店经销
*
2008年9月第　一　版　开本:B5(720×1000)
2018年8月第七次印刷　印张:11
字数:208 000

定价:40.00元

(如有印装质量问题,我社负责调换)

前　言

随着数学实验课程在各类院校的开设,数学实验的教材也越来越多,数学实验可作为学习数学的一种方法和手段,也可作为利用数学软件将数学应用于工程实际的一种工具,这些观点正在逐步得到科学界的认同.

目前的数学实验书籍中,有很大一部分讨论的问题比较深入,常常是一个实验需要十几页甚至几十页的篇幅,虽然问题讨论得非常详尽,但是不适合低年级本科生学习.这更像是对数学模型的讨论.笔者根据近几年开设本科生数学实验课程的经验,认为在当今大众化教育的形势下,对于普通高校的学生,更实际的做法是通过简单的小实验来学习利用数学软件解决数学问题的方法,从而掌握解决工程问题的能力.

本书主要介绍 MATLAB 和 Mathematica 两个软件的应用,以介绍 MATLAB 为主.全书分为 39 个实验,每个实验计划 2 个课时,部分实验也可以由学生课外完成,全书的计划总课时为 64～72 课时.

本书适合学过微积分和线性代数的学生使用,部分内容需要概率统计的知识.书中部分内容是对高年级课程的简单介绍,在实验的编写中已经对所需知识作了必要的介绍,这样做的目的,一方面是丰富数学实验的内容,另一方面让学生了解数学在各个学科中的应用.同时,这种介绍方式也为学生参加数学建模竞赛提供了方便,不少学生在此基础上修读数学建模课程会有很大受益.

本书在编写过程中得到许多同仁的帮助,在此表示衷心的感谢!

由于编者水平所限,书中所涉及的学科领域又比较多,如有疏漏之处,敬请读者批评指正.

张智丰

2008 年 5 月 16 日

于杭州电子科技大学下沙校区

目　录

绪　　论

0.1　什么是数学实验

所谓数学实验，就是利用计算机系统作为实验工具，以数学理论作为实验原理，以数学素材作为实验对象，以简单的对话方式或复杂的程序方式作为实验形式，以数值计算、符号演算或图形显示等作为实验内容，以实例分析、模拟仿真、归纳总结等为主要实验方法，以辅助学数学、用数学或做数学为实验目的，以实验报告为最终形式的上机实践活动.

0.2　怎样做好数学实验

由上面讨论的数学实验的内容和形式可知，要做好数学实验，需要对实验内容的数学背景有清楚的理解，对实验所使用的工具有详细的了解. 只要勤于动手，多实践，多练习，就能够轻松地完成数学实验.

这里所谓的工具，是指计算机软件，本书主要使用 MATLAB. 所谓有详细的了解，是指对具体的 MATLAB 函数有详细的了解，清楚函数中参数的含义. 本书采用先将 MATLAB 软件作整体的介绍，然后在每一个具体的实验中，介绍本实验涉及的具体函数. 因此，完成单个实验是非常简单的，但更重要的是，学生要通过逐个完成实验，逐步记忆函数的使用方法这样一个循序渐进的过程来学习和掌握 MATLAB 的使用方法，从而学会利用软件来求解数学问题的方法.

0.3　MATLAB 简介

MATLAB 是一种功能非常强大的科学计算软件. 本书将利用这个软件作为实验平台. 因此，在正式使用之前，对软件作一个介绍，以便使用者对软件有一个整体的认识.

一、MATLAB 的概况

MATLAB 一词源于 Matrix Laboratory，原意为矩阵实验室，该软件经过三十多年的发展，目前除具备卓越的数值计算能力外，还提供了专业水平的符号计算、文字处理,可视化建模仿真和实时控制等功能.

MATLAB 的基本数据单位是矩阵,它的指令表达式与数学、工程中常用的形式十分相似,故用 MATLAB 来解算问题要比用 C、FORTRAN 等语言完成相同的任务简捷得多.

当前流行的 MATLAB 7.0/Simulink 7 拥有数百个内部函数的主程序和六十多种工具箱(toolbox). 工具箱又可以分为功能工具箱和学科工具箱. 功能工具箱用来扩充 MATLAB 的符号计算,可视化建模仿真、文字处理及实时控制等功能. 学科工具箱是专业性比较强的工具箱,控制工具箱、信号处理工具箱、通信工具箱、图像处理工具箱等都属于此类.

代码的开放性使 MATLAB 广受用户欢迎. 除内部函数外,所有 MATLAB 主程序文件和各种工具箱都是可读可修改的文件,用户通过对源程序的修改或加入自编程序可以构造新的专用工具箱.

二、MATLAB 产生的历史背景

在 20 世纪 70 年代中期,Cleve Moler 博士和其同事在美国国家科学基金的资助下开发了调用 EISPACK 和 LINPACK 的 FORTRAN 子程序库. EISPACK 是特征值求解的 FORTRAN 程序库,LINPACK 是解线性方程的程序库. 在当时,这两个程序库代表矩阵运算的最高水平.

到 70 年代后期,身为美国 New Mexico 大学计算机系系主任的 Cleve Moler,在给学生讲授线性代数课程时,想教学生使用 EISPACK 和 LINPACK 程序库,但他发现学生用 FORTRAN 编写接口程序很费时间,于是他开始自己动手,利用业余时间为学生编写 EISPACK 和 LINPACK 的接口程序. Cleve Moler 给这个接口程序取名为 MATLAB,该名为矩阵(matrix)和实验室(laboratory)两个英文单词的前三个字母的组合. 在以后的数年里,MATLAB 在多所大学里作为教学辅助软件使用,并作为面向大众的免费软件广为流传.

1983 年春天,Cleve Moler 到 Standford 大学讲学,MATLAB 深深地吸引了工程师 John Little. John Little 敏锐地觉察到 MATLAB 在工程领域的广阔前景. 同年,他和 Cleve Moler、Steve Bangert 一起,用 C 语言开发了第二代专业版. 这一代的 MATLAB 语言同时具备了数值计算和数据图示化的功能.

1984 年,Cleve Moler 和 John Little 成立了 Math Works 公司,正式把 MATLAB 推向市场,并继续进行 MATLAB 的研究和开发.

在当今的数学类科技应用软件中,就软件数学处理的原始内核而言,可分为两大类:一类是数值计算型软件,如 MATLAB、Xmath、Gauss 等,这类软件擅长于数值计算,对处理大批数据效率高;另一类是数学分析型软件,Mathematica、Maple 等,这类软件以符号计算见长,能给出解析解和任意精确解,其缺点是处理大量数据时效率较低. MathWorks 公司顺应多功能需求之潮流,在其卓越数值计算和图形显示功能的基础上,又率先在专业水平上开拓了其符号计算、文字处理、可视化建模和实时控制功能,开发了适合多学科、多部门要求的新一代科技应用软件MATLAB. 经过多年的国际竞争,MATLAB 已经占据了数学与工程计算软件市场的主导地位.

在 MATLAB 进入市场前,国际上的许多软件包都是直接以 FORTRAN、C 等编程语言开发的. 这种软件的缺点是使用面窄、接口简陋、程序结构不开放以及没有标准的基本函数,很难适应各学科的最新发展,因而很难推广. MATLAB 为各国科学家开发学科软件提供了新的基础. 在 MATLAB 问世不久的 80 年代中期,原先控制领域里的一些软件包纷纷被淘汰或在 MATLAB 上重建.

MathWorks 公司 1993 年推出了 MATLAB 4.0 版,1995 年推出 4.2C 版(for win3.X),1997 年推出 5.0 版,1999 年推出 5.3 版. MATLAB 5.X 较 MATLAB 4.X 无论是在界面还是内容上都有长足的进展,其帮助信息采用超文本格式和 PDF 格式,分别在 Netscape 3.0 或 IE 4.0 及以上版本和 Acrobat Reader 中可以方便地浏览.

时至今日,经过 MathWorks 公司的不断完善,MATLAB 已经发展成为适合多学科、多种工作平台的功能强大的大型软件. 在国外,MATLAB 已经经受了多年考验. 在欧美高校,MATLAB 已经成为线性代数、自动控制理论、数理统计、数字信号处理、时间序列分析和动态系统仿真等高级课程的基本教学工具,也成为攻读学位的大学生、硕士生和博士生必须掌握的基本技能. 在设计研究单位和工业部门,MATLAB 被广泛用于科学研究和解决各种具体问题. 在国内,特别是工程界,MATLAB 已经盛行起来. 可以说,无论从事工程方面的哪个学科,都能在 MATLAB 里找到合适的功能.

三、MATLAB 的语言特点

一种语言之所以能如此迅速地普及,显示出如此旺盛的生命力,是由于它有着不同于其他语言的特点,正如同 FORTRAN 和 C 等高级语言使人们摆脱了需要直接对计算机硬件资源进行操作一样,被称作第四代计算机语言的 MATLAB,利用其丰富的函数资源,使编程人员从繁琐的程序代码中解放出来. MATLAB 最突出的特点就是简捷. MATLAB 用更直观的,符合人们思维习惯的代码,代替了 C 和 FORTRAN 语言的冗长代码. MATLAB 给用户带来的是最直观、最简捷的程序开发环境. 以下简单介绍一下 MATLAB 的主要特点.

(1) 语言简洁紧凑,使用方便灵活,库函数极其丰富. MATLAB 程序书写形式自由,利用丰富的库函数避开繁杂的子程序编程任务,压缩了一切不必要的编程工作. 由于库函数都由本领域的专家编写,用户不必担心函数的可靠性.

具有 FORTRAN 和 C 等高级语言知识的读者可能已经注意到，如果用 FORTRAN 或 C 语言去编写程序，尤其当涉及矩阵运算和画图时，编程会很麻烦. 例如，如果用户想求解一个线性代数方程，就得编写一个程序块读入数据，然后再使用一种求解线性方程的算法（如高斯消去法）编写一个程序块来求解方程，最后再输出计算结果. 在求解过程中，最麻烦的要算第二部分. 解线性方程的麻烦在于要对矩阵的元素作循环，选择稳定的算法以及代码的调试都不容易. 即使有部分源代码，用户也会感到麻烦，且不能保证运算的稳定性. 解线性方程的程序用 FORTRAN 和 C 这样的高级语言编写，至少需要四百多行，调试这种几百行的计算程序可以说很困难. 以下用 MATLAB 编写一个解线性方程组和求矩阵特征值的程序，来看一看其简捷性.

例　利用 MATLAB 求解下列方程，并求矩阵 A 的特征值：

$$Ax = b,\text{其中}, A = \begin{pmatrix} 32 & 13 & 45 & 67 \\ 23 & 79 & 85 & 12 \\ 43 & 23 & 54 & 65 \\ 98 & 34 & 71 & 35 \end{pmatrix}, \quad b = \begin{pmatrix} 1 \\ 2 \\ 3 \\ 4 \end{pmatrix}.$$

解　在 MATLAB 命令窗口中输入

```
>> A = [32,13,45,67; 23,79,85,12; 43,23,54,65; 98,34,71,35];
   b = [1; 2; 3; 4];
   x = A\b
   e = eig(A)
```

此时，系统返回

```
x =                 e =
     0.1809            193.4475
     0.5182             56.6905
    -0.5333            -48.1919
     0.1862             -1.9461
```

这里，x=A\b 表示 A 的逆矩阵乘 b，eig(A)是求 A 的特征值的函数.

可见，MATLAB 的程序极其简短. 更为难能可贵的是，MATLAB 甚至具有一定的智能水平，如上面的解方程，MATLAB 会根据矩阵的特性选择方程的求解方法，所以用户根本不用怀疑 MATLAB 的准确性.

(2) 运算符丰富. 由于 MATLAB 是用 C 语言编写的，MATLAB 提供了和 C 语言几乎一样多的运算符，灵活使用 MATLAB 的运算符将使程序变得极为简短.

(3) MATLAB 既具有结构化的控制语句（如 for 循环、while 循环、break 语句和 if 语句），又有面向对象编程的特性.

(4) 程序限制不严格，程序设计自由度大. 例如，在 MATLAB 里，用户无需对矩阵预定义就可使用.

(5) 程序的可移植性很好,基本上不作修改就可以在各种型号的计算机和操作系统上运行.

(6) MATLAB 的图形功能强大. 在 FORTRAN 和 C 语言里,绘图都很不容易,但在 MATLAB 里,数据的可视化非常简单 . MATLAB 还具有较强的编辑图形界面的能力.

(7) MATLAB 的缺点是,它和其他高级程序相比,程序的执行速度较慢. 由于 MATLAB 的程序不用编译等预处理,也不生成可执行文件,程序为解释执行,所以速度较慢.

(8) 功能强大的工具箱是 MATLAB 的另一特色. 如前所述,目前 MATLAB 包含两个部分:核心部分和各种可选的工具箱. 核心部分中有数百个核心内部函数. 而工具箱又分为两类:功能性工具箱和学科性工具箱. 其中的功能性工具箱可用于多种学科,而学科性工具箱是专业性比较强的,如 control toolbox、signal proceessing toolbox、commumnication toolbox 等. 这些工具箱都是由该领域内学术水平很高的专家编写的,所以用户无需编写自己学科范围内的基础程序,就可以直接进行高、精、尖的研究.

(9) 源程序的开放性. 开放性也许是 MATLAB 最受人们欢迎的特点. 除内部函数以外,所有 MATLAB 的核心文件和工具箱文件都是可读可改的源文件,用户可通过对源文件的修改以及加入自己的文件构成新的工具箱.

四、MATLAB 的一般操作

MATLAB 的安装和启动与大多数基于 Windows 操作系统的应用软件一样,这里不再叙述,系统启动后的界面如图 0.1 所示.

主界面上有 5 个窗口:主窗口、命令窗口、当前目录窗口、工作空间窗口和命令历史窗口,主要使用主窗口和命令窗口,其他窗口为辅助性窗口. 命令窗口是和系统交互的场所.

在 MATLAB 软件中进行基本数学运算,只需将需要运算的表达式直接输入提示符(>>)之后,并按 Enter 键即可. 例如,要计算(5×2+1.3−0.8)×10÷25,只要做如下的操作:

```
>>(5 * 2 + 1. 3 - 0. 8) * 10/25
```

按 Enter 键,即得

```
ans = 4. 2000
```

MATLAB 会将运算结果直接存入一变量 ans,代表 MATLAB 运算后的答案(answer)并显示其数值于屏幕上.

也可将运算式的结果存放在一个指定的变量 x 中,

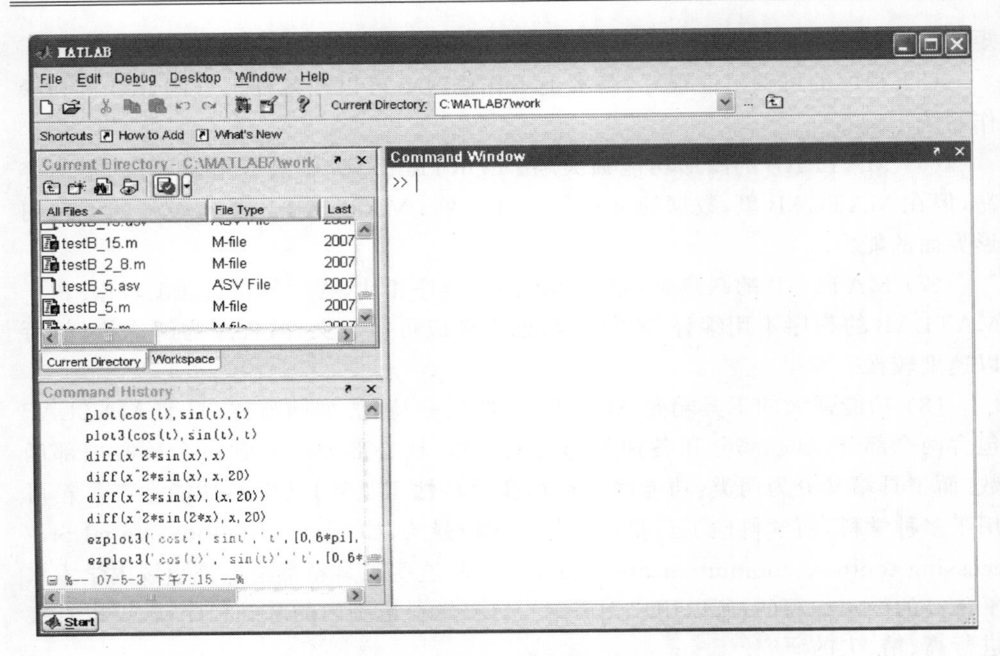

图 0.1　MATLAB7.0 系统主界面

```
>>x = (5 * 2 + 1.3 - 0.8) * 10^2/25
```

按 Enter 键，即得

```
x = 42
```

此时 MATLAB 会直接显示 x 的值. 由上例可知，MATLAB 认识所有一般常用到的加(＋)、减(－)、乘(＊)、除(/)、幂次运算(^)等的数学运算符.

MATLAB 将所有变量均存成 double 的形式，所以不需经过变量说明(variable declaration)，MATLAB 同时也会自动进行记忆体的使用和回收，而不必像 C 语言，必须由使用者一一指定并一一释放. 这些功能使得 MATLAB 易学易用，使用者可专心致力于撰写程序，而不会被软件的枝节问题所干扰.

由于 MATLAB 的基本数据单位是矩阵，因此，在 MATLAB 中，变量可以用来存放向量或矩阵，并进行各种运算，如下例的行向量(row vector)运算：

```
>> x = [1 3 5 2];
>> y = 2 * x + 1
        y = 3 7 11 5
```

若不想让 MATLAB 每次都显示运算结果，只需在运算式最后加上分号(;)即可，如下例：

```
>> y = sin(10) * exp( - 0.3 * 4^2);
```

系统将不显示任何结果，此时，若要显示变量 y 的值，直接键入 y 即可

```
>> y
    y = -0.0045
```

在上例中，sin(x)是正弦函数，exp(x)是指数函数，这些都是 MATLAB 经常用到的数学函数.

在 MATLAB 中，变量命名须遵循如下的规则：

(1) 第一个字符必须是英文字母；

(2) 字符间不可留空格；

(3) 最多只能有 19 个字符，MATLAB 会忽略多余字符.

系统根据需要允许更改、增加或删除向量的元素，具体的操作方法为

```
>> y(3) = 2            % 更改向量 y 第 3 个元素
     y = 3 7 2 5
>> y(6) = 10           % 加入向量 y 的第 6 个元素
```

此时，由于原来向量 y 只有 4 个元素，因此，系统自动将 y 的第 5 个元素赋值为 0.

```
     y = 3 7 2 5 0 10
>> y(4) = []           % 删除 y 的第 4 个元素
     y = 3 7 2 0 10
```

在上例中，MATLAB 会忽略所有在百分号(%)之后的文字，因此“%”之后的文字均视为程序的注解(comments).

MATLAB 亦可取出向量的一个元素或一部分来作运算.

```
>> x(2) * 3 + y(4)     % 取出 x 的第 2 个元素和 y 的第 4 个元素来作
                         运算
    ans = 9
>> y(2:4) - 1          % 取出 y 的第 2 至第 4 个元素来作运算
    ans = 6 1 -1
```

在上例中，2:4 代表一个由 2,3,4 组成的向量.

若对 MATLAB 函数的用法有疑问，可随时使用 help 来寻求帮助，在提示符“≫”后输入 help linspace，即可得到

```
LINSPACE Linearly spaced vector.
LINSPACE(X1,X2)generates a row vector of 100 linearly
equally spaced points between X1 and X2.
LINSPACE(X1,X2,N)generates N points between X1 and X2.
For N<2,LINSPACE returns X2.
```

若要输入矩阵，则必须在每一行结尾加上分号(;)，或者按 Enter 键，如下例：

```
>> A = [1 2 3 4;5 6 7 8; 9 10 11 12];
```

```
A =
    1   2   3   4
    5   6   7   8
    9  10  11  12
```

若要检查现存于工作空间(workspace)的变量,可键入 who.

```
>> who
    Your variables are:
    A  b  e  x
```

这些是由使用者定义的变量.若要知道这些变量的详细资料,可键入 whos,可得

```
Name    Size        Bytes Class
A       4x4           128 double array
b       4x1            32 double array
e       4x1            32 double array
x       4x1            32 double array
```

Grand total is 28 elements using 224 bytes

使用 clear 可以删除工作空间的变量.

```
clear A
A
??? Undefined function or variable 'A'.
```

另外 MATLAB 有些永久常数(permanent constants),虽然在工作空间中看不到,但使用者可直接取用,MATLAB 的永久常数主要包括:

i 或 j:基本虚数单位;

eps:系统的浮点(floating-point)精确度;

inf:无限大,如 1/0;

nan 或 NaN:非数值(not a number),如 0/0;

pi:圆周率 π(=3.1415926…);

realmax:系统所能表示的最大数值;

realmin:系统所能表示的最小数值;

nargin:函数的输入参数个数;

nargout:函数的输出参数个数.

五、MATLAB 的 M 文件

若要一次执行大量的 MATLAB 命令,可将这些命令存放于一个扩展名为 m 的文件中,并在 MATLAB 提示符下键入此文件的文件名即可.此种包含 MAT-

LAB 命令的档案都以 m 为扩展名，因此称其为 M 文件(M-files). 通常将 MATLAB 的 M 文件存放在一个特定的文件夹中，如 E 盘的 myfile 中. 这时，首先在 E 盘建一个名为 myfile 的文件夹，然后在 MATLAB 的主菜单中作如下的操作：

选 File —>SetPath...，出现如图 0.2 的界面.

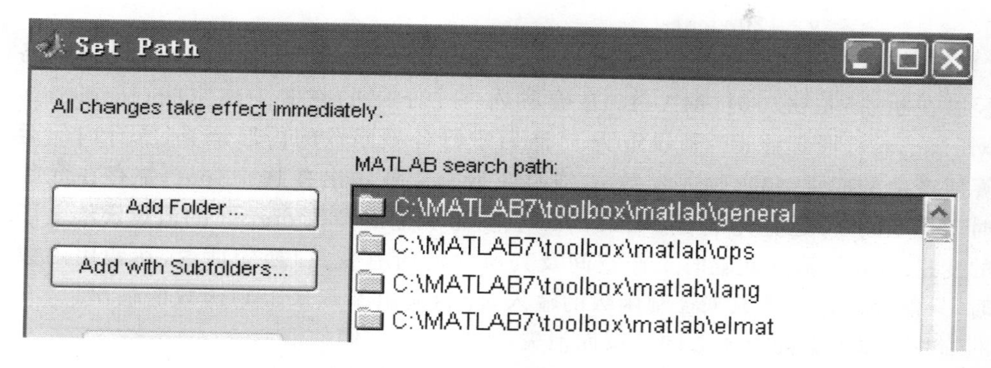

图 0.2　设置路径界面图

选左边的“Add Folder”，选择所需要的文件夹，如 E:\myfile，按“确定”即可.

经过这样的操作，系统就会到 E:\myfile 中去查找存放的文件. 例如，一个存放在 E:\myfile 中名为 mytest.m 的 M 文件，包含一系列的 MATLAB 命令，经过上述路径设置以后，只要在命令窗口键入 mytest，即可执行其所包含的命令：

```
% mytest.m
A=[1 2]
B=[2 3]
C=A+B
```

严格来说，M 文件可再细分为命令集(scripts)及函数(functions). 前述的 mytest.m 即为命令集，其效用和将命令逐一输入完全一样，因此在命令集可以直接使用工作空间的变量，而且在命令集中设定的变量，也都在工作空间中看得到. 函数则需要用到输入参数(input arguments)和输出参数(output arguments)来传递信息，这就像是 C 语言的函数，或是 FORTRAN 语言的子程序(subroutines). 举例来说，若要计算一个正整数的阶乘(factorial)，可以写一个如下的 MATLAB 函数并将之存档于 fact.m：

```
function output = fact(n)
% FACT Calculate factorial of a given positive integer.
output = 1;
for i = 1:n,
output = output*i;
```

```
    end
```

其中,fact 是函数名,n 是输入参数,output 是输出参数,而 i 则是此函数用到的临时变量.要使用此函数,直接键入函数名及适当输入参数值即可:

```
>> y = fact(5)
>> y = 120
```

(当然,在执行 fact 之前,必须先进入 fact.m 所在的目录,或用 SetPath 设置好路径.)在执行 fact(5)时,MATLAB 会跳入一个下层的临时工作空间(temperary workspace),将变量 n 的值设定为 5,然后进行各项函数的内部运算,所有内部运算所产生的变量(包含输入参数 n,临时变量 i,以及输出参数 output)都存在此临时工作空间中.运算完毕后,MATLAB 会将最后输出参数 output 的值设定给上层的变量 y,并将清除此临时工作空间及其所含的所有变量.换句话说,在调用函数时,只能经由输入参数来控制函数的输入,经由输出参数来得到函数的输出,所有的临时变量都会随着函数的结束而消失,无法得到它们的值.

这里有关阶乘函数只是用来说明 MATLAB 的函数观念.若实际要计算一个正整数 n 的阶乘(即 $n!$)时,可直接写成 prod(1:n),或直接调用 gamma 函数:gamma(n−1).

MATLAB 的函数支持递归(recursive)调用,也就是说,一个函数可以调用它本身.如 $n!=n\cdot(n-1)!$,因此前面的阶乘函数可以改成递归的写法:

```
function output = fact1(n)
 % FACT Calculate factorial of a given positive integer recur-
   sively.
if n == 1, % Terminating condition
  output = 1;
  return;
end
output = n * fact1(n - 1);
```

在写一个递归函数时,一定要包含结束条件(递归出口),否则此函数将会一直调用自己,永远不会停止,直到电脑的记忆体被耗尽为止.以上例而言,n==1 即满足结束条件,此时直接将 output 设为 1,而不再调用此函数本身.

六、搜寻路径

在前一节中,假设 mytest.m 所在的目录是 d:\myfile.如果不先进入这个目录,MATLAB 就找不到要执行的 M 文件.如果希望 MATLAB 不论在何处都能执行 mytest.m,就必须将 d:\myfile 加入 MATLAB 的搜寻路径(search path)中.要了解 MATLAB 的搜寻路径,键入 path 即可

```
path
```

此搜寻路径会依已安装工具箱(toolboxes)的不同而有所不同.

很显然 d:\myfile 并不在 MATLAB 的搜寻路径中,因此 MATLAB 找不到 mytest. m 这个 M 文件,要将 d:\myfile 加入 MATLAB 的搜寻路径,可用 path 命令

```
>> path(path,'d:\myfile');
```

此时 d:\myfile 已加入 MATLAB 搜寻路径(键入 path 试看看),因此 MATLAB 已经“看”得到 mytest. m

```
> which mytest
    d:\myfile\mytest. m
```

现在就可以直接键入 mytest,而不必先进入 mytest. m 所在的目录.

这是除了刚才介绍的通过 MATLAB 的主窗口中选择 File->Set Path... -> Add Folder 来完成以外的另一种方法.

M 文件还可以专门用来存放数据,使用方法和命令集文件相仿,只是其中仅仅存放数据,以便将数据和程序分开存放.

七、结束 MATLAB

有三种方法可以结束 MATLAB:

(1) 键入 exit;

(2) 键入 quit;

(3) 直接关闭 MATLAB 的命令窗口(command window).

这些是关于 MATLAB 的一般介绍,详细的使用方法通过后面实验来逐步熟悉.

0.4 Mathematica 简介

Mathematica 是美国 Wolfram Research 公司开发的数学软件. 它的主要使用者是从事理论研究的数学及其他科学工作者、从事实际工作的工程技术人员、学校的老师和学生. Mathematica 可以用于解决各种领域的涉及复杂符号计算和数值计算的问题. 它可以完成许多复杂的工作,如求不定积分、作多项式的因式分解等. 它代替了许多以前仅仅只能靠纸和笔解决的工作,这种思维和解题工具的革新对各种研究领域和工程领域产生了深远的影响.

Mathematica 可以做许多符号演算工作,它能做多项式计算、因式分解、展开等,作各种有理式计算、求多项式、有理式方程和超越方程的精确解和近似解,作数值的或一般代数式的向量、矩阵的各种计算,求极限、导数、积分,作幂级数展开,求

解某些微分方程等. Mathematica 还可以作任意位数的整数或分子分母为任意大整数的有理数的精确计算,作具有任意位精度的数值(实、复数值)的计算. 所有 Mathematica 系统内部定义的整函数、实(复)函数也具有这样的性质. 使用 Mathematica 可以很方便地画出用各种方式表示的一元和二元函数的图形. 通过这样的图形,常常可以立即形象地把握住函数的某些特性,而这些特性一般很难从函数的符号表达式中看清楚.

Mathematica 的能力不仅仅在于上面提到的这些功能,更重要的在于它把这些功能有机地结合在一个系统里. 在使用系统时,人们可以根据自己的需要,一会儿从符号演算转去画图形,一会儿又转去作数值计算. 这种灵活性能带来极大的方便,常使一些看起来非常复杂的问题变得易如反掌. 在学习和使用 Mathematica 的过程中读者会逐步体会这些. Mathematica 还是一个很容易扩充和修改的系统,它提供了一套描述方法,相当于一个编程语言,用这个语言可以编写程序,解决各种特殊问题.

一、Mathematica 的启动、运行、帮助和退出

1. 启动

在 Windows 下,启动和结束 Mathematica 的方式和其他 Windows 应用程序没有什么两样,只需要找到 Mathematica 图标,双击即可. 此时会出现 Mathematica 初始屏,显示版本信息和用户信息. 等待约一秒即可进入 Mathematica 主窗口,并出现第一个 notebook 窗口(Untitled-1. nb),可以在此窗口中输入命令进行计算工作.

2. 运行

需要注意的是,Mathematica 的计算核心并不会马上启动,只有在给出了确实的计算指令后才开启,比如输入 100!,按 Shift+Enter(回车)键或数字键盘的 Enter(回车)键,可以看输出结果(运行结果),Mathematica 的第一条命令的执行速度会慢一些.

Mathematica 系统将把输入命令自动编号,前面加上 In[nnn]:=的信息(nnn 代表输入命令的序号),输出结果前也将加上提示符 Out[nnn]=. “In[nnn]:=”是系统自动生成的,不能输入.

3. 帮助

Mathematica 的变量、常量以及函数等都是原版英文,无论书写和记忆都有十分高的要求. 如何提高速度、减少差错一直是大家非常关心的事. 这里推荐几个有

效的途径.

（1）使用系统提供的 Help 菜单. 选“Help”菜单，再选“Help...”菜单项.

要查找关于“NestList”的用途与用法，可在上方 GoTo 后面的白色区域输入 NestList，并单击 GoTo 按钮. 从中可以得到关于“NestList”的语法说明、基本例子、可参考的内容，以及进一步的较全面的例子. 可以修改例子中的一些参数，并可当场执行看到结果. 这是学习 Mathematica 的较为有效的方法.

（2）如果只知道命令的首写字母，可在输入该首写字母后，同时按下“Ctrl+K”组合键，则所有以该字母为首的命令都列出来，只要用鼠标双击命令名就输入了该命令.

（3）如果知道命令名，要了解其用法时只需输入？后空格，再输入该命令运行即可. 要了解命令的详细选项及默认值，只需输入?? 后空格，再输入该命令名运行即可，如？Plot，系统返回：

```
Plot[f,{x,xmin,xmax}] generates a plot of f as a function of x from\
  xmin to xmax. Plot[{f1,f2,... },{x,xmin,xmax}] plots several\
  functions fi.
```

?? Plot，系统返回：

```
Plot[f,{x,xmin,xmax}] generates a plot of f as a function of x from\
  xmin to xmax. Plot[{f1,f2,... },{x,xmin,xmax}] plots several\
  functions fi.
Attributes[Plot] = {HoldAll,Protected}
Options[Plot] = {AspectRatio -> 1/GoldenRatio,\
    Axes -> Automatic,AxesLabel -> None,\
    AxesOrigin -> Automatic,AxesStyle -> Automatic,\
    Background -> Automatic,ColorOutput -> Automatic,\
    Compiled -> True,DefaultColor -> Automatic,Epilog -> {},\
    Frame -> False,FrameLabel -> None,FrameStyle -> Automatic,\
    FrameTicks -> Automatic,GridLines -> None,
    ImageSize -> Automatic,MaxBend -> 10.`,PlotDivision -> 30.`,\
    PlotLabel -> None,PlotPoints -> 25,PlotRange -> Automatic,\
    PlotRegion -> Automatic,PlotStyle -> Automatic,\
    Prolog -> {},RotateLabel -> True,Ticks -> Automatic,\
    DefaultFont :> $DefaultFont,\
    DisplayFunction:> $DisplayFunction,\
    FormatType:> $FormatType,TextStyle :> $TextStyle}
```

4. 退出

与一般应用软件一样，退出 Mathematica 通常也有两种基本的方法：① 单击右上方中☒的按钮；② 选“File”菜单，再选“Exit”菜单项.

二、文件的存储与读取

1. 文件的存储

与大多数应用软件一样，在 Mathematica 中可以保存所做的工作，包括输入、执行的结果，图像输出以及出错信息等，这样便于下次继续工作.

选“File”菜单，再选“Save”菜单项，这时弹出一个对话框，即告诉当前文件的存储位置，在文件名处键入所需保存结果文件的文件名(一般可选用一个便于记忆并与文件内容有关的文件名)，确定后即完成文件的存储. 当然，也可以选择一个已经存在的文件来保存结果，不过要注意，此时确定以后，原来文件的内容将完全覆盖.

保存的文件以 .nb(notebook 的缩写)为后缀，是系统默认的 Mathematica 语言程序文件. 保存在一个默认的文件夹中，但建议将自己编制的程序保存在自己定义的文件夹中，如 E:\myfile 中. 请在保存文件时的弹出对话窗中选定路径后再保存，下次打开时也必须在相应目录下取出该文件.

2. 文件的另存

有时文件中有部分内容有变动，但又不想替换掉原文件，此时可选用 Mathematica 的另存功能.

选“File”菜单，再选“Save as”菜单项，在弹出的对话窗口中键入一个新的文件名，确定后即完成一个新文件的保存.

3. 文件的特殊存储

对于以 .nb 为后缀的 Mathematica 文件，在其他应用软件中不可以直接调用，这样的话 Mathematica 的兼容性就体现不出来了. 不过，可以应用 Mathematica 的特殊存储功能将 .nb 文件转存为其他格式的文件. Mathematica 系统提供了几种常用的文件格式：Text，Tex，Html 等.

选“File”菜单，再选“Save As Special”菜单项，在弹出的下级菜单选定要保存 Mathematica 文件的特定格式，再在弹出的对话框中选定路径，键入文件名，确定后保存.

4. 文件的打开

在继续先前工作时，需打开上一次工作的结果. 选“File”菜单，再选“Open”菜单项. 在弹出的对话框中写好正确的路径和正确的文件,回车后即可打开所需要的文件. 注意对于用"Save As Special"得到的结果,最好用"File"菜单下的"Open Special"菜单项打开.

5. 部分输入或输出的保存

对于一些中间结果,如图表等,可能需要更方便地在其他应用软件中使用,Mathematica 也提供了这样的功能.

选中所需要的内容,在该内容上单击鼠标右键,在弹出菜单中取出"Copy As"菜单项,再在弹出的下级菜单中选中所需要的格式(文本或图形),按鼠标左键确定,这样就将选中内容以所要求的格式置入剪贴板,之后就可以在其他软件中用"Paste"或"粘贴"命令调用. 注意,由于 Mathematica 文件格式的特定性,用"File"菜单下的"Copy"菜单项截下的 Mathematica 文件部分无法应用于其他应用软件中.

还可以将这些中间结果直接保存为特殊格式文件,以便用于多次调用. 选中内容后,在该内容上单击鼠标右键,在弹出菜单中选取"Save Selections As"菜单项,再在弹出的下级菜单中选中所需要的格式(文本或图形),按鼠标左键确定,然后在弹出的对话框中选好路径,键入文件名,回车后即可.

注意,与"File"菜单下的"Save As Special"菜单项的保存结果不同的是,此时生成的文件不是以 .nb 为后缀的 Mathematica 默认文件,而是系统默认的格式(文本或图形)文件,双击该文件可直接在应用软件中打开该文件.

"Edit"菜单下有"Cut"、"Copy"、"Paste"等命令,与一般的 Windows 应用软件一样.

0.5　本书的使用

本书以实验的方式编写,每个实验一般使用 2 个学时来讲解和完成实验内容,部分实验可以用较少的时间来完成,教师可以根据学生的实际情况进行调整. 在实验的习题中安排了选做题,在题号前标以"＊"号. 全书可作为 64～72 学时课程教材或教学参考书,也可选用部分内容供少学时的数学实验课程使用.

实验1　矩阵的基本运算(一)

一、实验目的

熟悉 MATLAB 软件中关于矩阵的基本命令，掌握利用 MATLAB 软件进行向量、矩阵的输入，向量与向量的运算，矩阵与矩阵的运算，矩阵与向量的运算.

二、相关知识

在线性代数中，曾经学过关于向量与向量的运算，主要包括向量与向量的加减法，数与向量的乘法；还学习过矩阵与矩阵的运算，主要包括矩阵的加减法、乘法，矩阵与向量的乘法，数与矩阵的乘法，矩阵的转置，矩阵求逆. 现在要利用 MATLAB 软件的相关命令来完成这些运算. 在 MATLAB 中，把向量看成1行 n 列(行向量)或 n 行1列(列向量)的矩阵，这样就可以将向量和矩阵放在一起讨论.

为了进行矩阵的各种运算，首先要输入矩阵. 在 MATLAB 中，矩阵的输入方法主要有两种，一种是在 MATLAB 的命令窗口中输入，这种方法适合输入一些阶数较低的矩阵，而对于一些阶数较高的矩阵，则最好采用建立磁盘文件的方法，这样便于多次利用，也方便在需要的时候修改数据. 在命令窗口输入的方法为

```
>>A=[1,2,3;4,5,6;7,8,9];
```

这表示在命令窗口中输入矩阵 $A=\begin{bmatrix}1&2&3\\4&5&6\\7&8&9\end{bmatrix}$. 注意：逗号表示同行元素，也可用空格代替，分号表示换行.

如果使用磁盘文件的方法，则需要建立一个以 m 为后缀的文本文件，它可以用 MATLAB 提供的编辑器编辑，也可以用任何一个能够编辑文本文件的编辑器来编辑，但建议大家使用 MATLAB 提供的编辑器来编辑，因为该编辑器不但提供了编辑环境，同时还提供了 MATLAB 程序的调试环境. 该编辑器的使用方法是在 MATLAB 主菜单中选 File→New→M-File，就打开了一个编辑器的窗口，如图1.1所示.

文本文件的内容与在命令窗口中输入的相同. 将文本文件放在一个特定的位置(某一个文件夹中)，并将该位置加入到 MATLAB 的工作目录中，用 File→Setpath 来完成，这在绪论中已有介绍. 使用时，先在命令窗口输入文件名，接着，就可

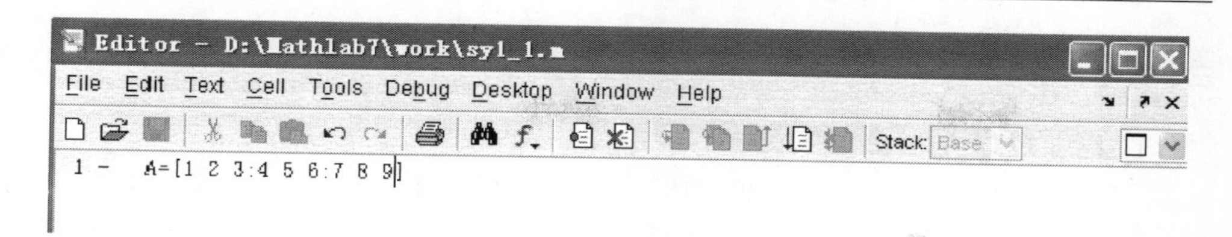

图 1.1 M-File 编辑器

以使用该文件中的所有数据了.注意,多个矩阵可以存放在一个文件中.

关于一些常见的矩阵运算在 MATLAB 中的实现方法,将 MATLAB 中关于矩阵的基本命令和功能列于表 1.1.

表 1.1

序 号	功 能	MATLAB命令
1	求矩阵 A 的转置	A′
2	求矩阵 A 与矩阵 B 的和	A+B
3	求矩阵 A 减矩阵 B	A−B
4	求数 k 乘以矩阵 A	k * A
5	求矩阵 A 乘以矩阵 B	A * B
6	求 A 的行列式	det(A)
7	A 的秩	rank(A)
8	A 的逆	inv(A)
9	B 左乘 A 的逆;或 A 右除 B,即 B * inv(A)	B/A
10	B 右乘 A 的逆;或 A 左除 B,即 inv(A) * B	A\B
11	A 的 n 次幂	A^n
12	A 与 B 的对应元素相乘	A. * B
13	选择 A 的第 i 行生成一个行向量	ai=A(i,:)
14	选择 A 的第 j 列生成一个列向量	aj=A(:,j)
15	选择 A 的某几行、某几列上交叉元素生成 A 的子矩阵	A(起始行:步长:终行,起始列:步长:终列),步长为 1 时可以省略
16	生成 n 阶零矩阵	zeros(n)
17	生成 n 阶单位阵	eye(n)
18	两个向量的内积	a1 * a2′

MATLAB 的一些其他命令见表 1.2.

表 1.2

序 号	功 能	MATLAB命令
1	存储工作空间变量,即命令窗口使用过的变量	save 文件名 变量名
2	列出工作空间的所有变量	whos
3	help 函数名 可查阅该命令的用法	help 命令
4	运行演示程序 demo	demo 命令

三、实验内容

1. 已知矩阵 A,B,b 如下：

$$A=\begin{bmatrix} 3 & 4 & -1 & 1 & -9 & 10 \\ 6 & 5 & 0 & 7 & 4 & -16 \\ 1 & -4 & 7 & -1 & 6 & -8 \\ 2 & -4 & 5 & -6 & 12 & -8 \\ -3 & 6 & -7 & 8 & -1 & 1 \\ 8 & -4 & 9 & 1 & 3 & 0 \end{bmatrix},\quad B=\begin{bmatrix} 1 & 2 & 4 & 6 & -3 & 2 \\ 7 & 9 & 16 & -5 & 8 & -7 \\ 8 & 11 & 20 & 1 & 5 & 5 \\ 10 & 15 & 28 & 13 & -1 & 9 \\ 12 & 19 & 36 & 25 & -7 & 23 \\ 2 & 4 & 6 & -3 & 0 & 5 \end{bmatrix},$$

$b=[1,3,5,7,9,11]$,

在磁盘上建立一个名为 sy1sj. m 的文件，将矩阵 A,B,b 输入其中.

2. 在 1 的基础上，在磁盘上建立文件 sy1cx. m，完成下列计算：

(1) X11$=A'$，X12$=A+B$，X13$=A-B$，X14$=AB$；

(2) X21$=|A|$，X22$=|B|$；

(3) X31$=R(A)$，X32$=R(B)$；

(4) X4$=A^{-1}$；

*(5) 作矩阵 C，其元素为 A 的元素乘以每个元素的行标再乘以每个元素的列标.

3. 完成实验报告. 上传实验报告和程序文件.

实验2 矩阵的基本运算(二)

一、实验目的

进一步熟悉MATLAB软件中关于矩阵的各种命令,掌握利用MATLAB软件求矩阵的特征值,进行矩阵的初等变换;讨论向量组的线性相关性等运算.

二、相关知识

在线性代数中,曾经学过求矩阵特征值,对矩阵进行初等变换以达到一定的目的,还讨论过向量组的线性相关性等问题.现在要利用MATLAB软件的相关命令来完成这些运算.相关的MATLAB的命令和功能列于表2.1.

表2.1

序号	功能	MATLAB命令
1	求A的特征值	eig(A)
2	求A的特征向量矩阵X及A的特征值组成的对角阵	[X,D]=eig(A)
3	将非奇异矩阵正交化	orth(A)
4	将A的第i行与第j行互换	A([i,j],:)=A([j,i],:)
5	将A的第i列与第j列互换	A(:,[i,j])=A(:,[j,i])
6	用k乘以A的第i行	A(i,:)=k*A(i,:)
7	A的i行加上第j行k倍	A(i,:)=A(i,:) +k*A(j,:)
8	A的i列加上第j列k倍	A(:,i)=A(:,i) +k*A(:,j)
9	由已定义的矩阵A,E,O,A生成矩阵B	B=[A,E;O,A]
10	求A的列向量组的一个极大线性无关组	rref(A)

三、实验内容

1. 利用实验1建立的文件sy1sj.m中的数据,完成下列运算,并将程序写在文件sy21.m中:

(1) 求解矩阵方程$XA=B$中的解矩阵X6;

(2) 求满足方程组$AX=b'$的解向量X7;

(3) 求X6的特征向量组,记为X8,相应的对角形记为D;

(4) 计算X9$=B^2(A^{-1})^2$.

2. 利用实验1建立的文件sy1sj.m中的数据,完成下列运算,并将程序写在文件 sy22. m 中：

(1) 生成矩阵 A 的行向量组 a1,a2,a3,a4,a5,a6；

(2) 生成矩阵 A 的列向量组 b1,b2,b3,b4,b5,b6；

(3) 由 A 的 1、3、5 行，2、4、6 列交叉点上的元素生成 A 的子矩阵 A3；

(4) 生成一个 12 阶矩阵 A4，其左上角为 A，右上角为 6 阶单位阵，左下角为 6 阶零矩阵，右下角为 B；

(5) 将 A 对应的行向量组正交规范化为正交向量组 A5，并验证所得结果；

(6) 求 a1 与 a2 的内积 A7；

(7) 完成以下初等变换：将 A 的第一、四行互换，再将其第三列乘以 6，再将其第一行的 10 倍加至第五行；

*(8) 求 B 的列向量组的一个极大无关向量组 A9，并将其余向量用极大线性无关向量组线性表示.

3. 完成实验报告，上传实验报告和程序文件 sy21. m，sy22. m.

实验 3　MATLAB 中的极限和微分运算

一、实验目的

熟悉 MATLAB 软件中关于极限和微分运算的基本命令，掌握利用 MATLAB 软件进行求极限和微分运算的方法.

二、相关知识

在微积分中，曾经学习了求函数的极限和微分的运算，那时根据微积分的原理，学习了一整套各种各样的方法，其中包括了许多技巧，现在尝试用软件来解决这样的问题.

在 MATLAB 中，常用的初等函数表示方法如表 3.1 所示.

表 3.1

函数名	功　能	MATLAB 命令
幂函数	求 x 的 a 次幂	x^a
	求 x 的平方根	sqrt(x)
指数函数	求 a 的 x 次幂	a^x
	求 e 的 x 次幂	exp(x)
对数函数	求 x 的自然对数	log(x)
	求 x 的以 2 为底的对数	log2(x)
	求 x 的以 10 为底的对数	log10(x)
三角函数	正弦函数	sin(x)
	余弦函数	cos(x)
	正切函数	tan(x)
	余切函数	cot(x)
	正割函数	sec(x)
	余割函数	csc(x)
反三角函数	反正弦函数	asin(x)
	反余弦函数	acos(x)
	反正切函数	atan(x)
	反余切函数	acot(x)
	反正割函数	asec(x)
	反余割函数	acsc(x)
绝对值函数	求 x 的绝对值	abs(x)

MATLAB 提供的命令函数 limit()可以完成极限运算，其调用格式如下：

```
limit(F,x,a,'left')
```

该命令对表达式 F 求极限,独立变量 x 从左边趋于 a,函数中除 F 外的参数均可省略,'left'可换成'right'. 举例如下:

例 1 求极限 $S=\lim\limits_{x\to+\infty}\left(1+\dfrac{a}{x}\right)^x$.

解 可用以下程序完成:

```
clear
F = sym('(1 + a/x)^x')
limit(F,'x',inf,'left')
```

结果为 exp(a),其中,语句 F=sym('(1+a/x)^x')表示定义符号表达式$(1+a/x)^x$.

也可用以下的语句来完成:

```
clear;
syms x                      % 这里是把 x 先说明成符号.
F = (1 + a/x)^x             % 这里的定义形式和前面不同.
limit(F,x,inf,'left')       % 这里的 x 本身就是符号,因此不需要单引号.
```

MATLAB 提供的函数 diff()可以完成对给定函数求导函数的运算,其调用格式如下:

```
diff(fun,x,n)
```

其意义是求函数 fun 关于变量 x 的 n 阶导数,n 为 1 时可省略. 这里的 fun 用上例的后一种方式来定义较为妥当. 看下面的例子.

例 2 求函数 $y=\ln\dfrac{x+2}{1-x}$的一阶和三阶导数.

解 可用以下程序完成:

```
clear;
syms x
y = log((x + 2)/(1 - x));
dy = diff(y,x)
dy3 = diff(y,x,3)
pretty(dy3)
```

这里用到的另一个函数 pretty(),其功能是使它作用的表达式更符合数学上的书写习惯.

三、实验内容

1. 求下列极限,将完成实验的程序写到文件 sy31. m 中:

(1) $F_1=\lim\limits_{x\to0}\dfrac{\arctan x}{x}$; (2) $F_2=\lim\limits_{x\to0}\left(\dfrac{1+x}{1-x}\right)^{\frac{1}{x}}$;

(3) $F_3=\lim\limits_{x\to 0}\dfrac{x\ln(1+x)}{\sin x^2}$；　(4) $F_4=\lim\limits_{x\to\infty}\dfrac{\arctan x}{x}$；

(5) $F_5=\lim\limits_{x\to 1}\left(\dfrac{1}{1-x}-\dfrac{1}{1-x^3}\right)$.

2. 求下列函数的导数，将完成实验的程序写到文件 sy32. m 中：

(1) $y_1=\cos^3 x-\cos 3x$；　(2) $y_2=x\sin x\ln x$；

(3) $y_3=\dfrac{xe^x-1}{\sin x}$；　(4) $y=e^x\cos x$，计算 $y^{(4)}$；

(5) $y=x^2\sin 2x$，计算 $y^{(20)}$.

3. 完成实验报告，上传实验报告和程序文件 sy31. m，sy32. m.

实验 4　MATLAB 中的各种积分运算

一、实验目的

熟悉 MATLAB 软件中关于积分运算的基本命令，掌握利用 MATLAB 软件进行求不定积分、定积分等积分运算的方法.

二、相关知识

在微积分中，曾经学习了求函数不定积分和定积分的运算，那时根据微积分的原理，学习了一整套各种各样的方法，其中包括了许多技巧，现在尝试用软件来解决这样的问题.

MATLAB 提供的命令函数 int( ) 可以完成积分运算，其调用格式有如下几种：

int(fun)	计算函数 fun 关于默认变量的不定积分
int(fun,x)	计算函数 fun 关于变量 x 的不定积分
int(fun,x,a,b)	计算函数 fun 关于变量 x 从 a 到 b 的定积分

通过例子来学习具体的用法.

例 1　计算不定积分 $\int\left(x^5+x^3-\frac{\sqrt{x}}{4}\right)\mathrm{d}x$.

解　可以用下面的程序完成：

```
clear
y = sym('x^5 + x^3 - sqrt(x)/4')
int(y)
pretty(ans)
```

例 2　计算定积分 $\int_0^1 \frac{x\mathrm{e}^x}{(1+x)^2}\mathrm{d}x$.

解　可以用下面的程序实现计算：

```
clear
syms x y
y = (x * exp(x))/(1 + x)^2;
int(y,0,1)
```

例 3　计算二重积分 $\iint\limits_D (x^2+y)\mathrm{d}x\mathrm{d}y$，其中，$D$ 为曲线 $y^2=x$ 和 $x^2=y$ 所围成

的区域.

解　区域 D 可用不等式表示为

$$x^2 \leqslant y \leqslant \sqrt{x},\quad 0 \leqslant x \leqslant 1.$$

所以,计算该积分的 MATLAB 程序为

```
clear
syms x y
f = x * x + y;
int(int(f,y,x * x,sqrt(x)),x,0,1)
```

例 4　被积曲面 S 为球面 $x^2+y^2+z^2=1$ 在第一象限部分的外侧,计算曲面积分

$$I=\iint_S xyz\,\mathrm{d}x\mathrm{d}y.$$

解　先把问题转化为二重积分,积分区域为 x,y 平面内的第一象限部分.具体的计算公式为 $I=\iint_S xyz\,\mathrm{d}x\mathrm{d}y=\int_0^1\int_0^{\sqrt{1-x^2}} xy\ \sqrt{1-x^2-y^2}\,\mathrm{d}y\mathrm{d}x$,然后计算该二次积分,程序如下:

```
clear
syms x y z
z = sqrt(1 - x^2 - y^2)
f = x * y * z
I = int(int(f,y,0,sqrt(1 - x^2)),x,0,1)
```

可以看到,所有的积分计算都是利用函数 int 完成的,当遇到二重积分、三重积分和曲线、曲面积分时需要先化为相应的累次积分,再用 int 来完成积分的计算.

三、实验内容

1. 求下列函数的积分:

(1) $\int\left(x^5+x^3-\frac{\sqrt{x}}{4}\right)\mathrm{d}x$; (2) $\int \sin ax\sin bx\sin cx\,\mathrm{d}x$;

(3) $\int_0^1 \frac{x\mathrm{e}^x}{(1+x)^2}\mathrm{d}x$.

2. 求二重积分 $\iint_D \frac{x}{1+xy}\mathrm{d}x\mathrm{d}y, D=[0,1]\times[0,1]$.

3. 求三重积分 $\iiint_V z\,\mathrm{d}x\mathrm{d}y\mathrm{d}z$, V 由曲面 $z=x^2+y^2, z=1, z=2$ 所围成.

*4. 求曲面积分 $\iint\limits_{\Sigma} \frac{e^2 dxdy}{\sqrt{x^2+y^2}}$，其中，$\Sigma$ 为锥面 $z=\sqrt{x^2+y^2}$ 在平面 $z=1$ 和平面 $z=2$ 之间的曲面的外侧.

5. 完成实验报告.上传实验报告和程序文件.

实验 5　MATLAB 的图形功能

一、实验目的

熟悉 MATLAB 软件中关于图形的基本命令，掌握利用 MATLAB 软件进行函数图形绘制的方法.

二、相关知识

在微积分中，曾经讨论过一元函数的作图，在空间解析几何中，讨论过二次曲面的图形，现在尝试用 MATLAB 软件来解决函数的绘图问题.

在 MATLAB 中，常用的绘图函数如表 5.1 所示.

表 5.1

序　号	功　能	MATLAB 命令
1	绘制符号函数 fun 在区间 lims=[xmin,xmax]间的图像.	fplot(fun,lims)
2	绘制由向量 x 和向量 y 给定的离散数据连接起来的图像，s 用来定义函数曲线的颜色和线型.	plot(x,y,s)
3	用来绘制符号函数图像的简易方法，变量的变化范围 lim 可以省略，表示 −2 * pi<x<2 * pi，如 Fun 为二元函数 f(x,y)，则绘制隐函数 f(x,y)=0 的图像.	ezplot(fun,lims)
4	绘制三维空间的线点.	plot3(X,Y,Z)
5	绘制着色的三维网纹曲面，颜色由 C 决定.	mesh(Z),mesh(X,Y,Z,C)
6	由向量 x 和 y 生成网格点(x,y)，与 mesh()配合使用.	meshgrid(x,y)
7	3D 网格图的简单绘制方法，f 是一个符号函数.	ezmesh(f)
8	绘制基于用向量 R 表示的曲线绕 x 轴旋转的旋转曲面. 与 surf 配合使用.	cylinder(R,N)

函数 plot 中参数 s 的含义如表 5.2 所示(其中一部分表示线的颜色，另一部分表示线的形状).

表 5.2

b	blue	.	point	<	triangle (left)
g	green	o	circle	>	triangle (right)
r	red	x	x-mark	p	pentagram
c	cyan	+	plus	h	hexagram
m	magenta	*	star	—	solid
y	yellow	s	square	:	dotted

续表

k	black	d	diamond	-.	dashdot
		v	triangle(down)	--	dashed
		∧	triangle(up)	(none)	no line

为了绘制函数的图形，除了一些系统已有的函数外，需要先定义函数. 定义函数的常用方法有3种：

(1) 通过建立 m 文件来定义函数；

(2) 定义内连函数；

(3) 对于一些比较简单的函数，可以将函数表达式用单引号引起来，直接写在指定的位置.

下面通过实例来介绍函数的具体使用方法.

设函数为 $f(x)=x^3+2x^2+e^x$，用定义 m 文件的方法，建立文件 f.m 如下：

```
function y = f(x)
y = x.^3 + 2 * x.^2 + exp(x)
```

建好这个文件后，在命令窗口中输入 ezplot(@f)即可绘制出图形.

例 1 在区间[$-\pi$,π]中分别用 plot 和 fplot 绘制函数 $f(x)=\sin 2x+\cos x$ 的图形.

解 可用如下程序来完成：

(1) 用 plot 完成.

```
x = -pi:0.1:pi;
y = sin(2 * x) + cos(x);
plot(x,y)
```

(2) 用 fplot 完成.

先定义函数 $f(x)$.

```
function y = f(x)
y = sin(2 * x) + cos(x)
```

注意：这两行要保存在一个单独的文件中，并取名为 f.m.

然后再在命令窗口输入 fplot(@f,[-pi,pi]). 这里要注意的是，文件的内容以 function 开头，文件名与函数名必须相同，函数值可以是向量，此时，在函数中需逐个计算 $y(1)$,$y(2)$,….

如果定义内连函数，则写成

```
f = 'x.^3 + 2 * x.^2 + exp(x)' 或 f = inline('x.^3 + 2 * x.^2 + exp(x)')
```

此时，在命令窗口中输入 ezplot(f)即可绘制出图形.

还有一种就是将表达式的内容用单引号引起来，用 ezplot(' x.^3+2 * x.^2+exp(x)')来绘图.

关于空间曲线和曲面的绘制,举例说明如下.

例 2　绘制空间曲线

$$\begin{cases} x = t^3, \\ y = \cos t, \quad t \in [0,6]. \\ z = \sin 2t, \end{cases}$$

解　可用如下程序来完成:

```
clear
t = 0:0.1:6;
x = t.^3;
y = cos(t);
z = sin(2 * t);
plot3(x,y,z)
```

结果如图 5.1 所示.

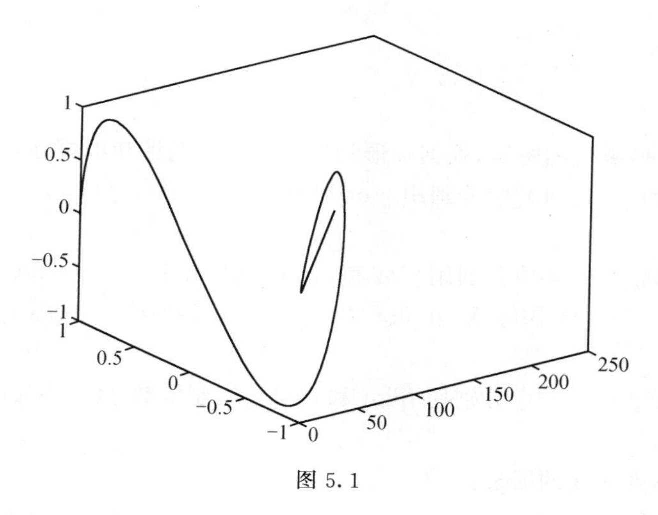

图 5.1

例 3　绘制曲面

$$z = \sqrt{x^2 + y^2}.$$

解　可用如下程序来完成:

```
clear
s = -10:0.1:10;
t = -10:0.1:10;
[x,y] = meshgrid(s,t);
z = sqrt(x.^2 + y.^2);
mesh(x,y,z);
```

结果如图 5.2 所示.

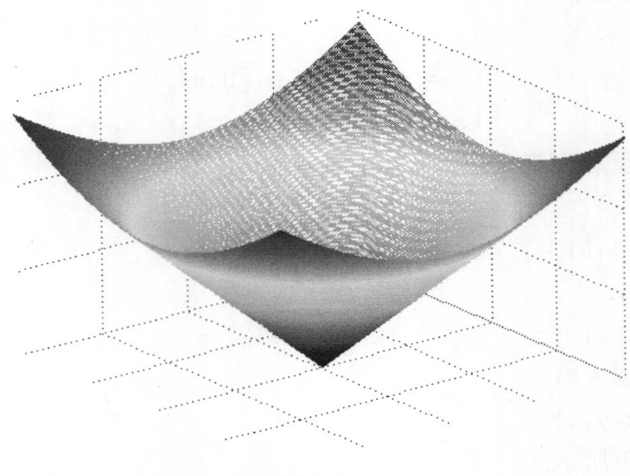

图 5.2

三、实验内容

1. 绘制下列函数的图形,根据图形判断函数的奇偶性和单调性:

(1) 在区间[-10,10]中分别用 plot 和 fplot 绘制函数 $f(x)=3x^4+x^2-1$ 的图形.

(2) 在区间[-5,5]中分别用 plot 和 ezplot 绘制函数 $f(x)=\sin x+x$ 的图形.

(3) 在区间[-5,5]中分别用 plot 和 fplot 绘制函数 $f(x)=x^2\exp(-x*x)$的图形.

(4) 在区间[-3,3]中分别用 fplot 和 ezplot 绘制函数 $f(x)=\lg(x+\mathrm{sqrt}(1+x*x))$的图形.

2. 绘制下列曲线的图形:

(1) 螺旋线

$$\begin{cases} x=\cos t, \\ y=\sin t, \quad t\in[0,6\pi]; \\ z=t, \end{cases}$$

(2) 空间曲线

$$\begin{cases} z=\sqrt{1-x^2-y^2}, \\ \left(x-\dfrac{1}{2}\right)^2+y^2=\left(\dfrac{1}{2}\right)^2; \end{cases}$$

(提示:先改写为参数方程.)

(3) 二次曲面 $z=x^2+y^2$；

* (4) $y=\frac{1}{x}$ 围绕 y 轴旋转形成的旋转曲面(提示：使用函数 cylinder 和 mesh).

3. 完成实验报告.上传实验报告和程序.

实验 6　MATLAB 的程序结构

一、实验目的

熟悉 MATLAB 的程序结构，掌握利用 MATLAB 软件进行程序设计的方法. 会利用循环、分支等结构来设计 MATLAB 程序.

二、相关知识

在 MATLAB 中，程序结构一般可分为顺序结构、循环结构、分支结构 3 种. 顺序结构是指程序顺序逐条执行，循环结构与分支结构都有其特定的语句，这样可以增强程序的可读性.

1. FOR 循环结构

```
for i=初值:增量:终值
    循环体
end
```

例 1　求 $1^2+2^2+\cdots+10^2$.

解　用 for 循环来完成本问题，程序如下：

```
clear
sum = 0;
for k = 1:10
    sum = sum + k ^2;
end
sum
```

2. WHILE 循环结构

```
while 条件表达式
    循环体
end
```

例 2　用 while 循环语句完成例 1 的问题.

解

```
clear
```

```
k = 1;
sum = 0;
while k<11
  sum = sum + k^2;
  k = k + 1;
end
sum
```

3. IF 分支结构

```
if 条件表达式
  语句
end
```

或

```
if 条件表达式
  语句
else
  语句
end
```

例 3 编写一个计算阶乘的函数，然后在命令窗口输入具体的数字，求出阶乘.

解 先编写函数 fractorial.m 内容如下：

```
function p = fractorial(n)
if n<0
      display('input number is error! ')
elseif n< = 1
      p = 1;
else
      p = n * factorial(n - 1)
end
```

将其存放在一个规定的目录下，如 E:\abc，接着在 MATLAB 主窗口中加入路径，即在主窗口的 File 菜单中选取 Set Path...，然后把 E:\abc 加入 MATLAB Search Path，按 Save 钮，关闭 Set Path 窗口. 然后在命令窗口中，键入 fractorial(4)，就可计算 4!了.

4. SWITCH 分支结构

```
switch 表达式
```

```
case 常量表达式 1
  语句组 1
case 常量表达式 2
  语句组 2
  ……
case 常量表达式 n
  语句组 n
end
```

例 4 输入一个数,对该数进行判断,如果是 5 的倍数,则输出“5 的倍数”,如果不是 5 的倍数,则输出“不是 5 的倍数”,请编程实现.

解 可用以下程序来实现:

```
clear
num = input('please input a number');
switch mod(num,5)
    case 0
        display('5 的倍数');
    otherwise
        display('不是 5 的倍数');
end
```

5. 程序的流程控制

(1) continue 语句用于 for 和 while 循环体中,其作用是终止一次循环的执行,它跳过本次循环中未被执行的语句,去执行下一次循环.

(2) break 语句结束当前循环,常与 if 语句配合使用.

(3) return 语句使它所在的函数结束运行,并返回到调用该函数的函数.

例 5 请考虑下列程序及其运行结果,理解 break 与 continue 的区别.

```
EPS = 1;
    for num = 1:1000
      EPS = EPS/2;
      if(1 + EPS)<= 1
        EPS = EPS * 2;
        break
      end
    end
      EPS
```

```
    num
EPS = 1;
for num = 1:1000
  EPS = EPS/2;
  if(1 + EPS)< = 1
    EPS = EPS * 2;
    continue
  end
end
EPS
num
```

三、实验内容

1. 设计一段程序,分别用 for 循环和 while 循环求 $1+2+3+\cdots+100$ 的和.

2. 设有函数 $f(x)=\begin{cases}x^2, & x>0,\\ x^3, & x\leqslant 0,\end{cases}$ 试定义这个函数,并绘制出在区间$[-4,4]$上的图形.

3. 已知级数 $\sum_{n=1}^{\infty}\frac{1}{n}$ 发散,求 N 使得 $\sum_{n=1}^{N}\frac{1}{n}$ 恰好大于 9.

*4. 通过即时输入 10 个数,将其中大于 10 的数求和,并计算其和的开方(注:程序运行中即时输入数据,用 input()函数即可实现).

5. 完成实验报告. 上传实验报告和程序.

实验7　分形初探

一、实验目的

了解有关分形的基本特性以及生成分形图形的基本方法，对分形几何这门学科有一个直观的了解. 同时，掌握利用MATLAB软件进行分形图形生成的方法.

二、相关知识

早在19世纪末20世纪初，一些科学家就构造出一些边界形状极不光滑的图形，这类图形的构造方法都有一个共同的特点，即最终图形F都是按照一定的规则R通过对初始图形F不断修改得到的，下面是几个最具代表性的分形图形及其生成方法.

例1　Koch曲线及其构造方法.

给定一条线段F_0，将该线段三等分，并将中间一段用以该线段为边的等边三角形的另外两边代替，得到图形F_1；然后，再对图形F_1中每一小段都按照上述方式修改，直至无穷，则最后得到的极限曲线$F=\lim\limits_{k\to\infty}F_k$，即所谓的Koch曲线(图7.1).

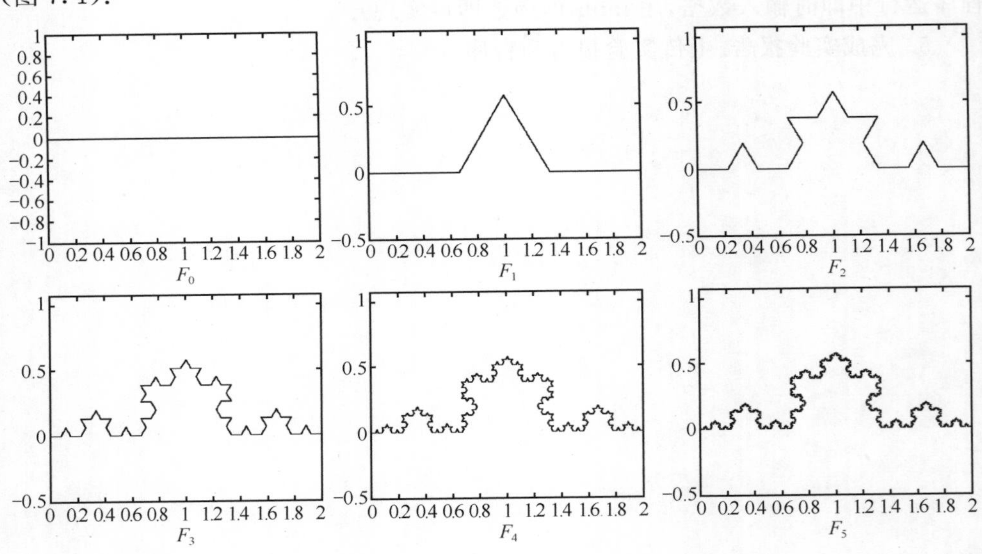

图7.1

生成程序Koch曲线的MATLAB程序如下：

```
function koch(p,q,n)
axis equal
if(n == 0)
    plot([p(1);q(1)],[p(2);q(2)],'LineWidth',1,'Color','red');
    hold on;
else
    c = q - p;
    c = [ - c(2); c(1)];            % 表示与 c 向量垂直的向量
    c = (p + q)/2 + c/sqrt(12);     % 求出「向左侧翘起 1/3」的顶点坐标向
                                      量 c
    a = (2 * p + q)/3;              % 求出从 p 到 q 的 1/3 处端点坐标向量 a
    b = (p + 2 * q)/3;              % 求出从 p 到 q 的 2/3 处端点坐标向量 b
    koch(p,a,n - 1);                % 对 pa 线段作下一回合
    koch(a,c,n - 1);                % 对 ac 线段作下一回合
    koch(c,b,n - 1);                % 对 cb 线段作下一回合
    koch(b,q,n - 1);                % 对 bq 线段作下一回合
end
```

将函数koch以文件名koch.m保存在工作文件夹，设置好路径，接着在命令窗口输入：

```
p = [0;0];
q = [2;0];
koch(p,q,5)
```

即可得到结果，大家不妨一试. 其中，参数 p 与 q 是起点和终点的坐标，用列向量表示，如图7.2、图7.3所示.

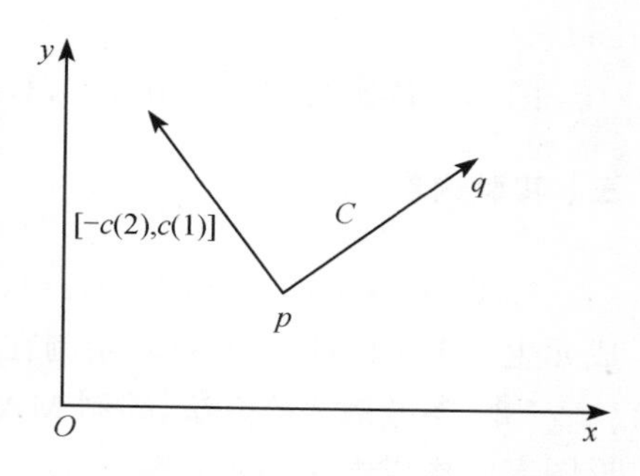

图7.2 向量$[-c(2),c(1)]$与向量$c=[c(1),c(2)]$垂直示意图

例2 Sierpinski三角形及其构造方法.

这是分形的另一个典型例子. 给定一个三角形 S_0（填成黑色），取各边的中点，连接起来构成一个相似三角形（填成白色），得到图形 S_1. 现在，白色三角形的周围有三个小黑三角形，对这三个小黑三角形继续上面的操作以至无穷，最后得到的图形称为Sierpinski三角形. 按照上述方法生成Sierpinski三角形的MATLAB函数如下，其中，A，B，C 表示Sierpinski三角形的三个顶点坐标，用列向量表示，level是使用生成方法的次数.

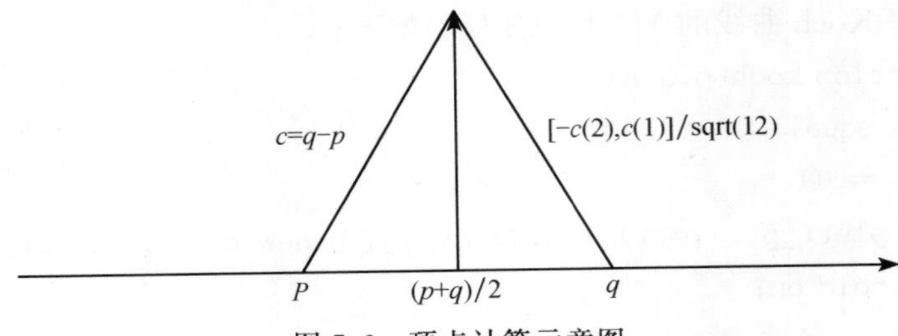

图 7.3　顶点计算示意图

```
function sierpinski(A,B,C,level)
% SIERPINSKI  Recursively generated Sierpinski triangle.
%             sierpinski(PA,PB,PC,LVL)generates an approximation to
%             the Sierpinski triangle,where the 2 - vectors PA,PB and PC
%             define the triangle vertices.
%             LVL is the level of recursion.
if level == 0
   % Fill the triangle with vertices A,B,C.
   fill([A(1),B(1),C(1)],[A(2),B(2),C(2)],[0.0 0.0 0.0]);
   hold on
else
   % Recursive calls for the three subtriangles
   sierpinski(A,(A + B)/2,(A + C)/2,level - 1)
   sierpinski(B,(B + A)/2,(B + C)/2,level - 1)
   sierpinski(C,(C + A)/2,(C + B)/2,level - 1)
end
```

图 7.4 依次是 level＝0,1,2,3,4,5 所得到的图形.

三、实验内容

1. 以 $a=(0,0)$,$b=(2,0)$,$c=(1,\sqrt{3})$为三个顶点,分别以线段 ab,bc,ca 为生成元生成 Koch 曲线,并将其绘制在同一窗口中(递归到第 5 次).

*2. 参考例 2 的方法,编制 MATLAB 程序,绘制出 Sierpinski 地毯图案,该分形图案的构成方法如下：

给定一个矩形 S_0(填成黑色),将每条边三等分,连接各对边上对应的点,将 S_0 等分成 9 个大小相同的矩形,将中间的一个填成白色,得到图形 S_1,接着对 S_1 中的 8 个黑色的矩形进行同样的操作,得到 S_2,继续上面的操作以至无穷,最后得到的图形称为 Sierpinski 地毯. 如图 7.5 所示,要求编制程序并绘制出 S_5(在知道向量

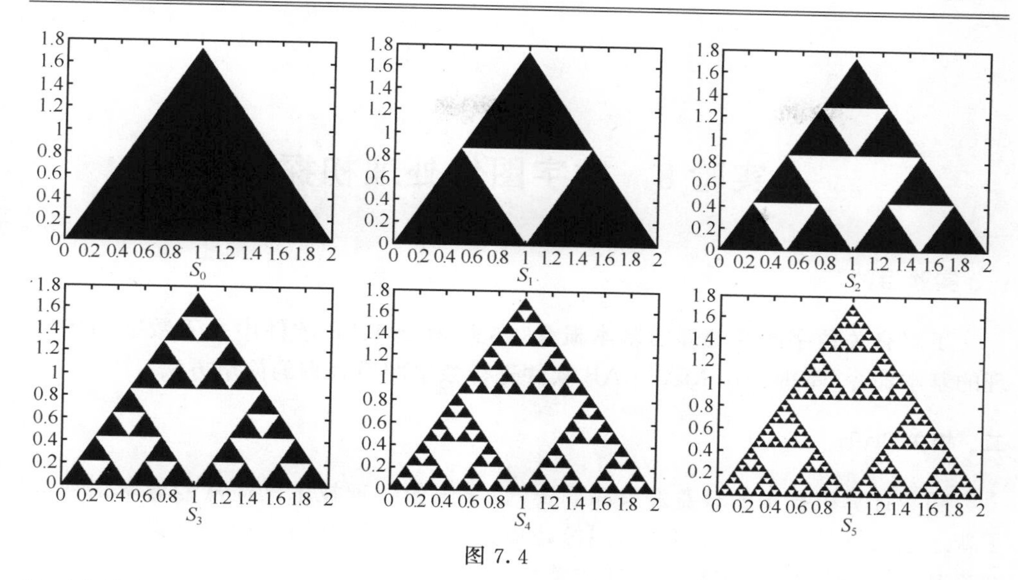

图 7.4

的两个端点后，该向量的 1/3 长度怎样表示？).

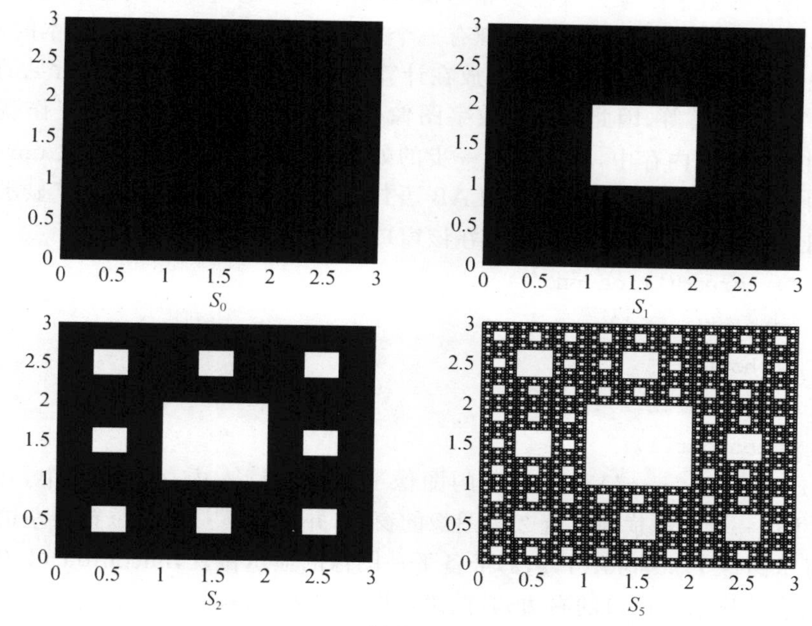

图 7.5

3. 完成实验报告. 上传实验报告和程序.

实验 8　数字图像处理初探

一、实验目的

了解有关数字图像处理的基本概念,熟悉 MATLAB 软件中关于数字图像处理的基本命令,掌握利用 MATLAB 软件进行数字图像处理的简单方法.

二、相关知识

随着计算机技术的日益发展和普及,数字图像处理技术已经从专业术语变成了普通老百姓的日常用语.其实,图像处理是一门实用的学科,同时又需要一定的理论基础,其理论与许多数学方法相关.

系统的学习数字图像处理需要相当长的时间,这里通过一个实验,使大家能够利用 MATLAB 软件对数字图像处理有一个基本概念,能够完成一些基本的操作.

首先,数字图像以一定的格式存放在计算机的存储器(如磁盘)中,常见的格式有 BMP,TIF,PCX 等,因此要进行数字图像处理,需要完成的第一项工作就是把图像读到计算机的内存中,以便作进一步的处理.在 MATLAB 中,函数 imread()完成此项工作.用下面一小段 MATLAB 语句即可实现将图像“rice. tif”显示在一个图像窗口的左边,将其轮廓图显示在该窗口的右边.

```
I = imread('rice.png');
subplot(1,2,1);
imshow(I)
subplot(1,2,2);
imcontour(I);
```

这里,imread(‘rice. png’)将磁盘上的图像 rice. png 读入内存变量 I 中,subplot(1,2,1)生成一个可以横向放置 2 幅图像的窗口,并设置下一显示位置在左边,imshow(I)显示图像 I,subplot(1,2,2)准备下一图像的显示位置,imcontour(I)生成图像 I 的轮廓并显示在窗口的右边,其结果如图 8.1 所示.

数字图像一般可分为二值图、灰度图和真彩图等几类.

再看下面一段程序:

```
bw = imread('text.png');
bw2 = imcomplement(bw);
subplot(1,2,1),imshow(bw)
```

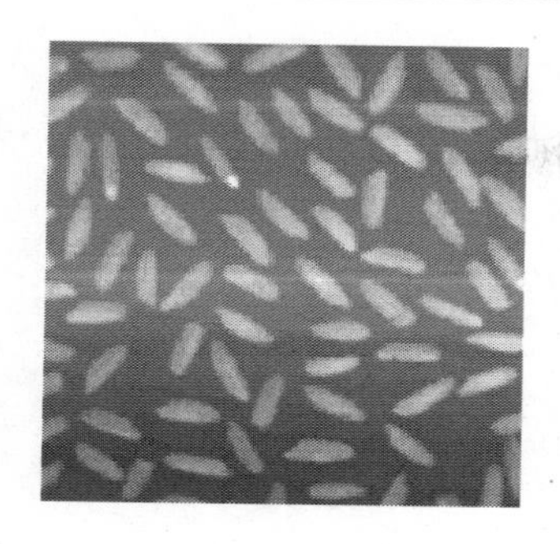
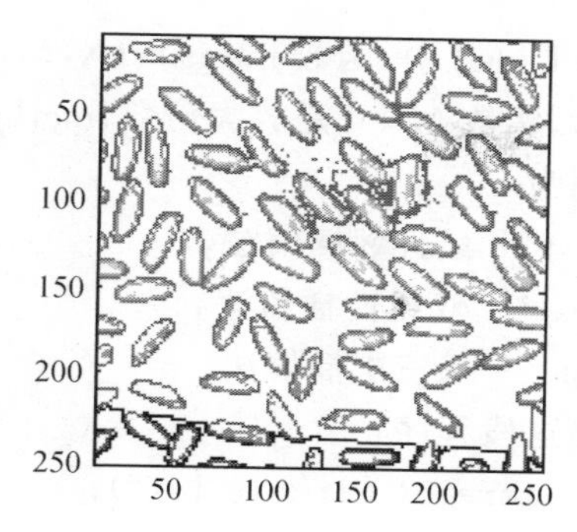

图 8.1

```
subplot(1,2,2),imshow(bw2)
```

这里函数 imcomplement(bw)完成对二值图像 text. png(bw)的求补运算(即原来黑的变白的,原来白的变黑的),其结果如图 8.2 所示.

Cross-Correlation Used
To Locate A Known
Target in an Image

Text Running
In Another
Direction

图 8.2

该函数也可以用于灰度图像,此时图像的数据被 255 减,关于灰度图像的结果如图 8.3 所示. 该图像可以文件名 lenna 在网上找到.

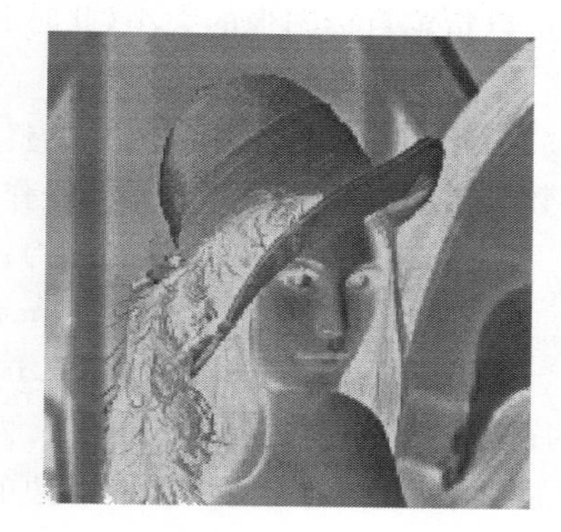

图 8.3

在 MATLAB 中，函数 imresize(X,M,method)可用来改变图像的大小，其中 X 表示图像，实数 $M>0$ 是放大倍数，method 用来选择计算数据的方法，其可取值及意义分别为

'nearest'—最近邻插值法，

'bilinear'—双线性插值法，

'bicubic'—双三次插值法.

看下面这段程序：

```
I = imread('circuit.tif');
J = imresize(I,1.25);
imshow(I)
figure,imshow(J)
```

程序运行后得到如图 8.4 的结果.

图 8.4

也可以指定目标图像的大小，此时 imresize()的调用格式为

```
Y = imresize(X,[320,480])
```

其中，[320,480]表示将图像的大小调整为 320×480.

函数 imrotate 对图像进行旋转操作，看如下的程序段：

```
I = imread('cameraman.tif');J = imrotate(I,-15,'bilinear');
K = imrotate(I,-15,'bilinear','crop');imshow(I)
figure,imshow(J); figure,imshow(K)
```

程序运行后得到如图 8.5 的结果. 左边是原图，中间和右边旋转后的结果，注意右边的图像和中间图像的区别，右边的图像是由参数'crop'实现的，该参数表示将旋转后的图像取与原图像相同的中心部分输出.

图 8.5

三、实验内容

1. 从磁盘上读入图像'moon. tif',将其显示在一个可以显示 2 幅图像的窗口中的左边,求出'moon. tif'的轮廓,并将其显示在上述窗口的右边.

2. 从磁盘上读入图像'saturn. png',将该图像显示在一个可以显示 4 幅图像(两行两列)的左上角显示该图像;求出该图像的补图像,将结果显示在右上角;将原图分别顺时针旋转 45 度和逆时针旋转 45 度,保持输出图像大小不变,将结果分别显示在左下角和右下角.

3. 从磁盘上读入图像'cameraman. tif',将其分别放大到 1.5 倍(用'bilinear'方法)和 2.6 倍(用'bicubic'方法),显示在不同的图像窗口中.

*4. 从磁盘上读入图像'peppers. png',将其放大 2 倍,并将结果用 BMP 格式以'peppers. bmp'为文件名,写入磁盘(用 imwrite 命令,该命令的用法请用 help imwrite 查看).

5. 完成实验报告.上传实验报告和程序.

实验 9　数字图像的边界提取

一、实验目的

了解有关数字图像边界提取的基本概念，熟悉 MATLAB 软件中关于数字图像边界提取的基本命令，掌握利用 MATLAB 软件进行数字图像边界提取的方法；同时，学会在图上加图题，会控制图题的位置.

二、相关知识

在图像处理中，有一种十分实用的操作叫做边界提取，在提取了图像的边界后，就可以对图像进行进一步的操作，如图像分割、特定区域的提取、骨架提取等.

常用的边界检测算子有微分算子、拉普拉斯高斯算子和 Canny 算子.

在 MATLAB 中，系统提供 edge 函数，其功能是利用各种边界检测算子来检测灰度图像的边界.

函数 edge 的用法有以下几种：

(1) BW＝edge(I)；

(2) BW＝edge(I,method)；

(3) BW＝edge(I,method,thresh)；

(4) BW＝edge(I,method,thresh,direction).

其中，

I：输入图像；

method：提取边界的方法，共有 6 种可取的值，即共有 6 种可使用的方法，包括：'sobel'，'prewitt'，'roberts'，'log'，'zerocross'，'canny'，缺省时使用'sobel'；

thresh：指定的阈值，所有不强于 thresh 的边都被忽略；

direction：对于'sobel'和'prewitt'方法指定方向，可取值为'horizontal'和'vertical'，'both'(缺省值)；

BW：返回的二值图像，其中，1 代表找到的边界.

在这些方法中，canny 是较为优秀的一种，该方法使用两种不同的阈值分别检测强边界和弱边界，并且仅当弱边界和强边界相连时，才将弱边界包含在输出图像中. 因此，这种方法不容易被噪声干扰，更容易检测到真正的弱边界.

关于这些方法的真正含义，以后有专门的课程加以详细讨论，现在先看看它们的效果.

例　分别调用‘sobel’,‘prewitt’,‘roberts’,‘log’,‘zerocross’和‘canny’6 种方法检测图像 rice. tif 的边界.

解　程序如下:

```
I = imread('rice.png');
BW1 = edge(I,'sobel');
BW2 = edge(I,'prewitt');
BW3 = edge(I,'roberts');
BW4 = edge(I,'log');
BW5 = edge(I,'zerocross');
BW6 = edge(I,'canny');
imshow(I);title('图 1: rice.png 原图','fontsize',14,'position',
  [128,280,0]);
figure;imshow(BW1);
title('图 2: sobel 算子提取的边界','fontsize',14,'position',[128,
  280,0])
figure;imshow(BW2);
title('图 3: prewitt 算子提取的边界','fontsize',14,'position',
  [128,280,0])
figure;imshow(BW3);
title('图 4: roberts 算子提取的边界','fontsize',14,'position',
  [128,280,0])
figure;imshow(BW4);
title('图 5: log 算子提取的边界','fontsize',14,'position',[128,
  280,0])
figure;imshow(BW5);
title('图 6: zerocross 算子提取的边界','fontsize',14,'position',
  [128,280,0])
figure;imshow(BW6);
title('图 7: Canny 算子提取的边界','fontsize',14,'position',[128,
  280,0])
```

运行结果如图 9.1 所示.

从上面结果可以看出,Canny 算子提取的边界较为完整.

关于 title 语句的用法,注意一下程序中的 title 语句,其简单用法就是 title

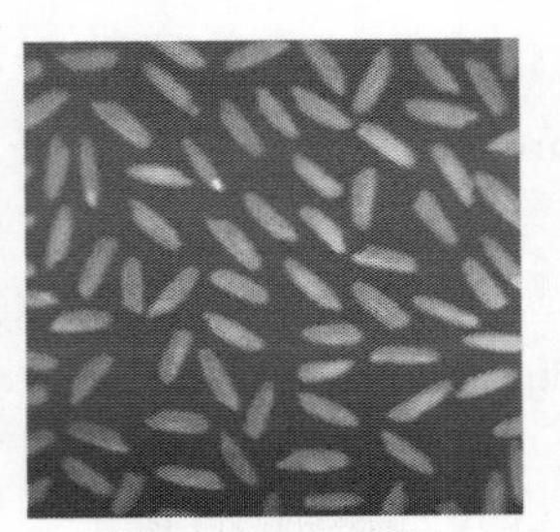

图 1: rice.png 原图

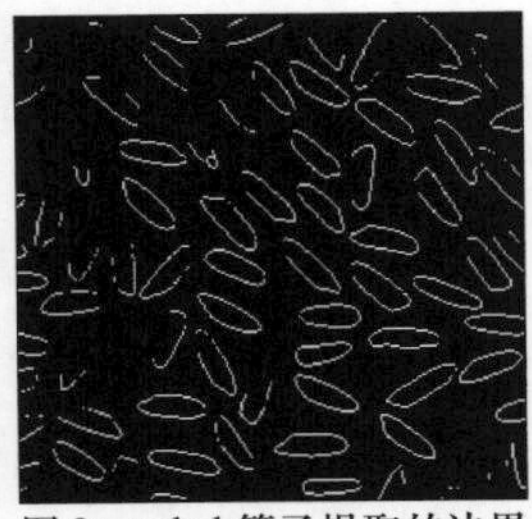

图 2: sobel 算子提取的边界

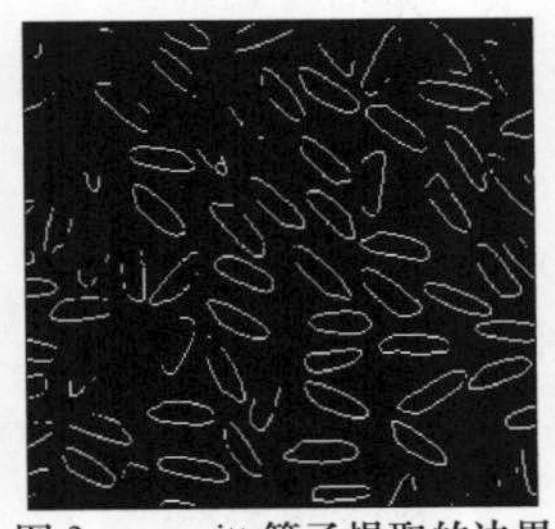

图 3: prewitt 算子提取的边界

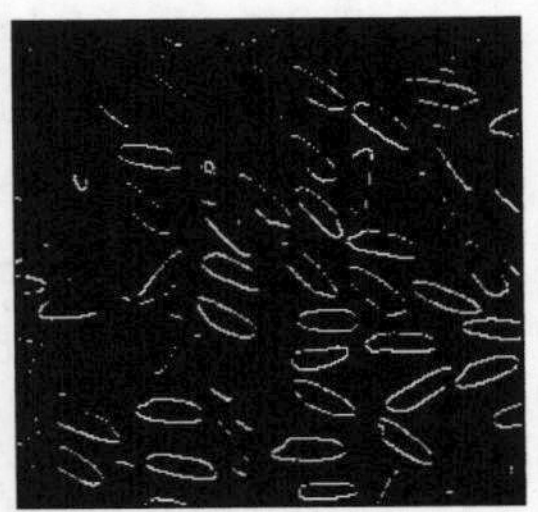

图 4: roberts 算子提取的边界

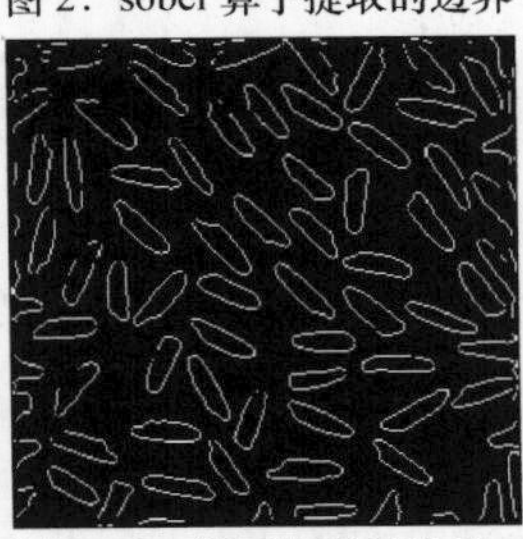

图 5: log 算子提取的边界

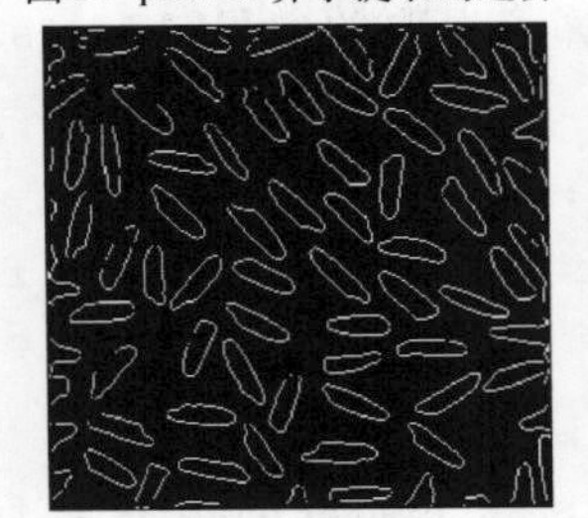

图 6: zerocross 算子提取的边界

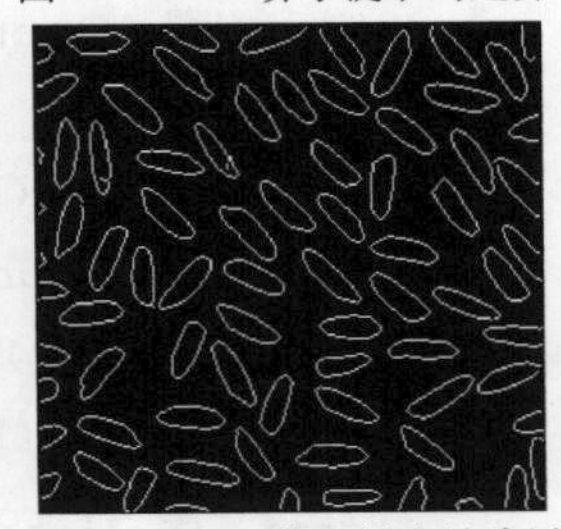

图 7: Canny 算子提取的边界

图 9.1

('图题的内容'),其实它还有一些可选的参数,包括图题的位置,图题的颜色,图题的字体,大小等参数,其一般用法是 title(…,'属性名',属性值,…).例如,要控制图题的位置,用属性名'position',其属性值是一个三维向量[x,y,z],初始值是[0,0,0],其单位由 units 参数决定.units 的可选值为 pixels | normalized | inches | centimeters | points | {data},normalized 将整个矩形规范化成[0,1]×[0,1],其余都是绝对单位,1 point=1/72 inch.

试一下,这个教材上的图题位置参数是多少?

可选的属性还有'color','fontname','fontsize'等,有需要的时候可以通过察看 help 来进一步学习.

再看一个例子,还是用原图 rice.tif,这次来考虑阈值问题,在不用 edge 中第三个参数时,系统自动选择阈值,可以用函数的如下调用格式来看系统选择的阈值是多少,先看如下程序带来的结果:

```
I = imread('rice. png');
[BW1,th1] = edge(I,'sobel');
th1str = num2str(th1);imshow(I);
title('图 1: rice. png 原图','fontsize',14,'position',[128,280,0]);
figure;imshow(BW1);ti = '图 8: sobel 算子提取的边界,阈值为';
ti = strcat(ti,th1str);title(ti,'fontsize',12,'position',[128,
  280,0])
```

将上面的程序中第二行换成

```
[BW1,th1] = edge(I,'sobel',0. 05);
```

即可得到图 9.2 中图 9 的结果. 可以看到,边界提取得比图 8 要完整. 因此,还可以通过调整阈值来改善边界提取得结果.

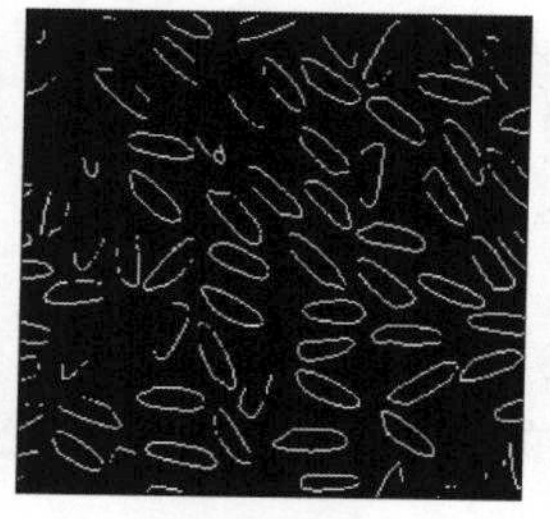

图 8: sobel 算子提取的边界,
阈值为 0.099338

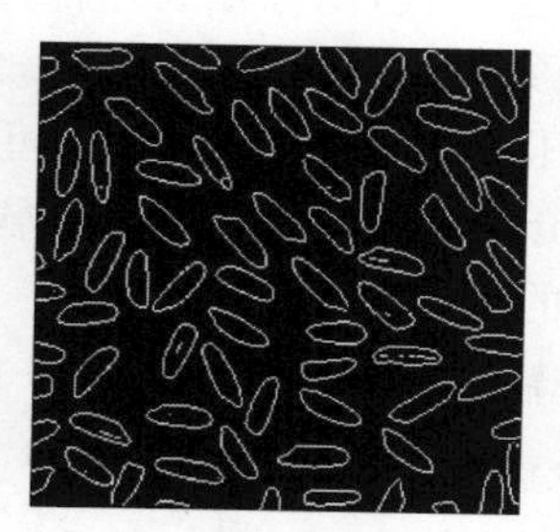

图 9: sobel 算子提取的边界,
阈值为 0.05

图 9. 2

三、实验内容

1. 对于图像 text. png, testpat1. png, liftingbody. png, spine. tif 用上面提到的 6 种方法分别提取边界并加以比较,对这四幅图像提取边界的结果,分别对每一幅图给出判断,认为哪种算子提取的边界最好? 同时理解各种边界提取算子同时存在的必要性. 对每一幅图均标出图题,并使图题的位置位于图的下方,居中,选择其中的一幅图,使其图题的字体为黑体,字号为 14 号.

2. 对于图像 circuit. tif,通过调整阈值的方法,得出一幅你认为较好的边界图,并给出此时的阈值.

3. 对于图像 circbw. tif 用上面提到的 6 种方法分别提取边界并加以比较,这次你认为哪种算子提取的边界最好?

4. 完成实验报告,报告中只需要指明程序名,不需要程序和图,只要写明结论即可. 将程序和实验报告一起上传.

实验 10　图像压缩的 MATLAB 实现

一、实验目的

了解有关数字图像压缩的基本概念，熟悉 MATLAB 软件中关于数字图像压缩的基本方法，掌握利用 MATLAB 软件进行数字图像压缩的方法.

二、相关知识

在当今的信息时代，图像在表达各种信息时有着不可替代的作用，但图像信息的缺点之一就是数据量非常庞大.因此，无论是存储还是传输，都需要对图像数据进行压缩，数据压缩的方法有很多，这里介绍一种基于离散余弦变换(DCT)的图像压缩方法，并介绍如何用 MATLAB 软件来实现这个算法.

基于 DCT 的压缩方法如下：

(1) 首先将输入图像分解为 8×8 或 16×16 的块，然后对每个块进行二维 DCT 变换，这里，一个 $N\times N$ 图像块 $f(x,y)$ 的二维离散余弦变换公式如下：

$$F(u,v)=c(u)c(v)\sum_{x=0}^{N-1}\sum_{y=0}^{N-1}f(x,y)\cos\frac{\pi(2x+1)u}{2N}\cos\frac{\pi(2y+1)v}{2N},$$
$$x=0,1,\cdots,N-1,\quad y=0,1,\cdots,N-1.$$

二维离散余弦反变换公式如下：

$$f(x,y)=\sum_{u=0}^{N-1}\sum_{v=0}^{N-1}c(u)c(v)F(u,v)\cos\frac{\pi(2x+1)u}{2N}\cos\frac{\pi(2y+1)v}{2N},$$
$$x=0,1,\cdots,N-1,\quad y=0,1,\cdots,N-1,$$

其中，$c(u)=\begin{cases}\dfrac{1}{\sqrt{N}}, & u=0,\\ \dfrac{2}{\sqrt{N}}, & u=1,2,\cdots,N,\end{cases}$　$c(v)=\begin{cases}\dfrac{1}{\sqrt{N}}, & v=0,\\ \dfrac{2}{\sqrt{N}}, & v=1,2,\cdots,N-1.\end{cases}$

这里，$c(u)c(v)\cos\dfrac{\pi(2x+1)u}{2N}\cos\dfrac{\pi(2y+1)v}{2N}$ 称为 DCT 的变换核.

MATLAB 图像处理工具箱提供了一些函数进行 DCT 变换.

函数 dct2 实现图像的二维离散余弦变换，语法格式为

```
B = dct2(A)
B = dct2(A,[M,N])
B = dct2(A,M,N)
```

A 表示要变换的图像,B 表示变换后得到的变换系数矩阵,B 和 A 是同样大小的矩阵,其内容是余弦变换后的系数. M 和 N 是可选参数,表示对图像矩阵 A 的填充或截取.

函数 idct2 实现图像的二维离散余弦反变换,语法格式为

```
B = idct2(A)
B = idct2(A,[M,N])
B = idct2(A,M,N)
```

A 表示要变换的二维离散余弦变换矩阵,B 表示变换后得到的图像,B 和 A 是同样大小的矩阵,其内容是余弦变换后的系数. M 和 N 是可选参数,表示对图像矩阵 A 的填充或截取.

函数 dctmtx 用于计算二维 DCT 矩阵,语法格式为

```
D = dctmtx(n)
```

其中,D 是返回的 $n\times n$ 的 DCT 变换矩阵,如果矩阵 A 的大小是 $n\times n$,D×A 是矩阵每一列的 DCT 变换值,A×D′是 A 的每一行的 DCT 变换值.

dct2(A)的结果与 D×A×D′相同,但后者计算速度较快.

(2) 将变换后得到的量化的 DCT 系数进行编码和传送,形成压缩后的图像数据.

基于 DCT 的解压缩方法如下:

(i) 对每个 8×8 或 16×16 块的压缩数据进行二维 DCT 反变换.

(ii) 将反变换的矩阵的块合成一个单一的图像.

例　把输入图像 cameraman.tif 划分为 8×8 的图像块,计算它们的 DCT 系数,并且只保留 64 个 DCT 系数中的 10 个,然后对每个图像块利用这 10 个系数进行逆 DCT 变换来重构图像.

解　程序如下:

```
clear
I = imread('cameraman.tif');
I = im2double(I);        %将图像数据转换为双精度型
T = dctmtx(8);
B = blkproc(I,[8 8],'P1 * x * P2',T,T');
                          %这里 T,T'是参数 P1,P2 的取值
mask = [1 1 1 1 0 0 0 0
        1 1 1 0 0 0 0 0
        1 1 0 0 0 0 0 0
        1 0 0 0 0 0 0 0
        0 0 0 0 0 0 0 0
```

```
         0 0 0 0 0 0 0 0
         0 0 0 0 0 0 0 0
         0 0 0 0 0 0 0 0];
B2 = blkproc(B,[8 8],'P1. * x',mask);
% 这里 mask 是参数 P1 的取值
% 这里可以对 B2 作进一步的处理,然后加以存储,解码时先读出存储的
  数据,然后恢复出 B2.
I2 = blkproc(B2,[8 8],'P1 * x * P2',T',T);
subplot(1,2,1);
imshow(I);title('原图');
subplot(1,2,2);
imshow(I2);title('解压缩图');
```

结果如图 10.1 所示.

原图

解压缩图

图 10.1

虽然舍弃了 85%的 DCT 系数,也就是减少了 85%的存储量,但可以看到,解压缩图仍然清晰.在现在的实验中,没有进行真正的存储,这部分需要一些其他的函数配合工作,留待以后进一步完善.

三、实验内容

1. 分别对图像"lenna.bmp","board.tif","peppers.png"进行基于 DCT 的压缩操作,对每幅图像,分别给出保留 1 个、2 个、3 个、…、20 个 DCT 变换系数的解压缩结果,这可以通过调整矩阵 mask 中 1 的个数实现,你认为保留几个系数时,图像的恢复效果可以接受,通过观察,对三个图像,分别给出你的结论.

2. 完成实验报告,报告中只需要指明程序名,不需要程序和图,只要写明结论即可.将程序和实验报告一起上传.

实验 11　Bézier 曲线的绘制

一、实验目的

初步了解 Bézier 曲线的定义，能利用 MATLAB 软件绘制二次 Bézier 曲线和三次 Bézier 曲线.

二、相关知识

Bézier 曲线是一种广泛应用于外形设计的参数曲线逼近方法，它通过对一些特定点的控制来控制曲线的形状，称这些点为控制顶点. 下面给出 Bézier 曲线的数学表达式.

在空间给定 $n+1$ 个点 $P_0, P_1, P_2, \cdots, P_n$，称下列参数曲线为 n 次的 Bézier 曲线：

$$P(t) = \sum_{i=0}^{n} P_i B_{i,n}(t), \quad 0 \leqslant t \leqslant 1,$$

其中，$B_{i,n}(t)$是 Bernstein 基函数，其表达式为

$$B_{i,n}(t) = \frac{n!}{i!(n-i)!} t^i (1-t)^{n-i}.$$

一般称折线 $P_0P_1P_2\cdots P_n$ 为曲线 $P(t)$的控制多边形，称点 $P_0, P_1, P_2, \cdots, P_n$ 为 $P(t)$的控制顶点. Bézier 曲线与其控制多边形的关系可以这样认为，控制多边形 $P_0P_1P_2\cdots P_n$ 是 $P(t)$的大致形状的勾画，$P(t)$是对 $P_0P_1P_2\cdots P_n$ 的逼近.

Bézier 曲线有许多性质，这里仅讨论两条.

1）端点位置

P_0 和 P_n 是 $P(t)$的两个端点，这一点容易从 $P(t)$的表达式得到，即

$$P(0) = P_0, \quad P(1) = P_n.$$

2）端点的切线

Bézier 曲线 $P(t)$在 P_0 点与边 P_0P_1 相切，在 P_n 点与边 $P_{n-1}P_n$ 相切，此性质可以由以下两式得证：

$$P'(0) = n(P_1 - P_0), \quad P'(1) = n(P_n - P_{n-1}).$$

Bézier 曲线还有一些其他性质，这些将在“计算机图形学”、“计算几何”等课程中专门讨论.

现在讨论 Bézier 曲线的 MATLAB 绘制. 先讨论二次 Bézier 曲线,即 $n=2$ 的情形. 此时有 3 个顶点 P_0, P_1, P_2,为了在 MATLAB 中计算方便,将 Bézier 曲线的一般表示式改写为矩阵形式,得到

$$P(t)=\sum_{i=0}^{2} P_i \frac{2!}{i!(2-i)!} t^i(1-t)^{2-i}=(1-t)^2 P_0+2t(1-t) P_1+t^2 P_2$$

$$=[t^2-2t+1,-2t^2+2t,t^2]\begin{bmatrix}P_0\\P_1\\P_2\end{bmatrix}=[t^2,t,1]\begin{bmatrix}1 & -2 & 1\\-2 & 2 & 0\\1 & 0 & 0\end{bmatrix}\begin{bmatrix}P_0\\P_1\\P_2\end{bmatrix}.$$

这样,对于确定的 P_0, P_1, P_2,取定[0,1]区间中的 t 值后,即可计算 $P(t)$ 的值. 注意,$P(t)$ 是与 P_i 对应的,如果 P_i 是平面上的点即 2 维坐标,则 $P(t)$ 也是 2 维坐标,如果 P_i 是空间的点即 3 维坐标,则 $P(t)$ 也是 3 维坐标. 因此,对于每一组确定的 P_0, P_1, P_2,即可绘制出一条 2 次 Bezier 曲线. 完成平面 2 次 Bézier 曲线的 MATLAB 程序如下:

先编制完成 Bézier 曲线计算和绘制的函数 bezier2. m,其参数是控制顶点的坐标.

```
% Bezier Square Curve Ploter
 % This file will create a Bezier square curve and dispay the
   plot. The parameter is the Vertex matrix
function [X] = bezier2(Vertex)
BCon = [1 - 2 1; - 2 2 0;1 0 0];        % our 3 X 3 constant Matrix
for i = 1:1:50                         % for loop 1 - 50 in steps of 1
    par = (i - 1)/49;
    XY(i,:) = [par^2 par 1] * BCon * Vertex;
                                       % we have created our data
end
 % we will display the vertices and the curve using MATLABs builtin
   graphic functions
clf   % this will clear the figure
plot(Vertex(:,1),Vertex(:,2),'ro',XY(:,1),XY(:,2),'b -')
 % this will create a plot of both the Vertices and curve,
 % the vertices will be red o while the curve is blue line
line(Vertex(:,1),Vertex(:,2),'color','g')
 % add the control polygon.
xlabel(' x value')
ylabel(' y value')
```

```
title('二次 Bézier 曲线')
legend('控制顶点','曲线','控制多边形')
```

然后，在命令行定义 Bez2Vertex=[0 0 ；0.3 0.7 ；1.0 0.2]，即定义 $P_0=(0,0)$，$P_1=(0.3,0.7)$，$P_2=(1.0,0.2)$，再输入 bezier2(Bez2Vertex)即得图 11.1.

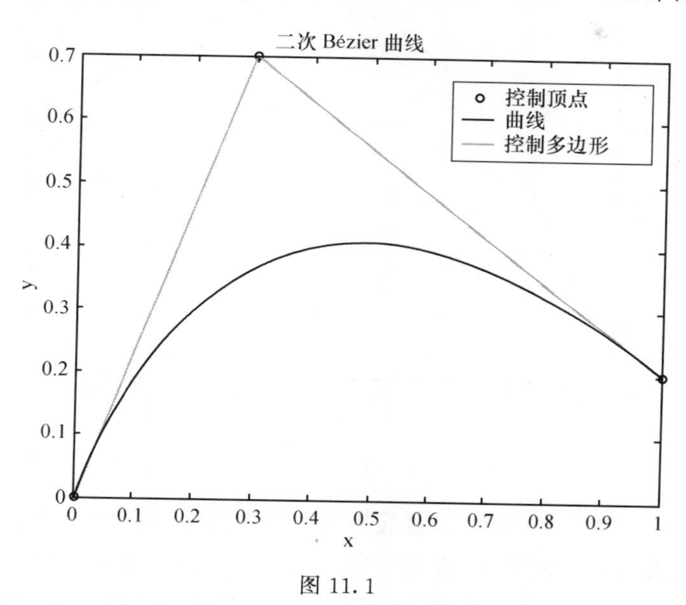

图 11.1

通过改变控制顶点的坐标，即可得到所需要的二次 Bézier 曲线.

接着讨论三次 Bézier 曲线，也采用将表达式改写为矩阵形式的方法，得到

$$\begin{aligned}P(t)&=\sum_{i=0}^{3}P_i\frac{3!}{i!(3-i)!}t^i(1-t)^{3-i}\\&=(1-t)^3P_0+3t(1-t)^2P_1+3t^2(1-t)P_2+t^3P_3\\&=[-t^3+3t^2-3t+1,3t^3-6t^2+3t,-3t^3+3t^2,t^3]\begin{bmatrix}P_0\\P_1\\P_2\\P_3\end{bmatrix}\\&=[t^3,t^2,t,1]\begin{bmatrix}-1&3&-3&1\\3&-6&3&0\\-3&3&0&0\\1&0&0&0\end{bmatrix}\begin{bmatrix}P_0\\P_1\\P_2\\P_3\end{bmatrix}.\end{aligned}$$

这样，就可以用与前面几乎相同的程序来绘制三次 Bézier 曲线了. 如设 $P_0=(0,0)$，$P_1=(0.3,0.7)$，$P_2=(0.5,0.7)$，$P_3=(1.0,0.4)$，则可得到如图 11.2 的三

次 Bézier 曲线.

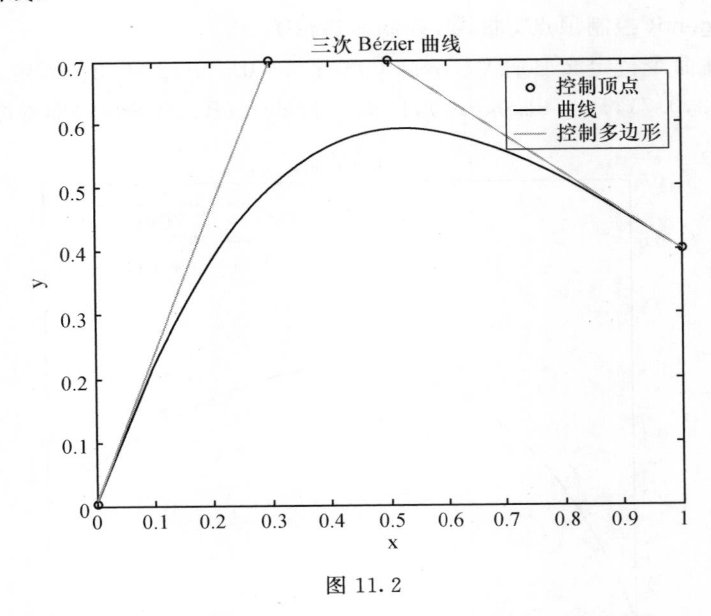

图 11.2

注意:图中"o"表示控制顶点,直线表示控制多边形,曲线即为 Bézier 曲线.

当需要的曲线较为复杂时,仅用一段 Bézier 曲线难以表示.此时,可以采用拼接的方法,通过重复使用较为简单的绘制方法来绘制出较为复杂的图形.

在拼接时,首先要求曲线是连续的,以两段三次 Bézier 曲线的拼接为例来讨论.设控制顶点分别为 P_0,P_1,P_2,P_3 和 Q_0,Q_1,Q_2,Q_3,则当 P_3 与 Q_0 重合时,即能保证曲线连续,称两段曲线这样的连续为零阶几何连续,在此基础上,如果保证 P_3 与 Q_0 重合,且 $\overrightarrow{P_2P_3}$ 和 $\overrightarrow{Q_0Q_1}$ 均不为零且同向,则可以保证曲线在 $P_3=Q_0$ 处是光滑的,此时,称该曲线在 $P_3=Q_0$ 处为一阶几何连续.在稍微复杂一点的条件下,还可以使曲线在拼接处有相同的曲率.同时,Bézier 曲线还有其他的生成算法,这些都留待以后去讨论.

三、实验内容

1. 设 $P_0=(0.0,1.0)$,$P_1=(0.4,0.0)$,$P_2=(1.0,0.8)$,绘制以 $P_0P_1P_2$ 为顶点的 2 次 Bézier 曲线.

2. 设 $P_0=(0.0,1.0)$,$P_1=(0.4,0.0)$,$P_2=(0.7,0.5)$,$P_3=(1.0,0.9)$,绘制以 $P_0P_1P_2P_3$ 为顶点的 3 次 Bézier 曲线.

3. 已知有 7 个顶点,$P_0=(0.8,1.0)$,$P_1=(0.0,0.99)$,$P_2=(0.0,0.55)$,$P_3=(0.5,0.5)$,$P_4=(1.0,0.45)$,$P_5=(1.0,0.01)$,$P_6=(0.2,1.0)$,用两段三次

Bézier 曲线来绘制出分别以 $P_0P_1P_2P_3$ 和 $P_3P_4P_5P_6$ 为控制顶点的 Bézier 曲线.

*4. 推导 4 次 Bézier 曲线计算公式的矩阵形式.

*5. 编制 MATLAB 程序绘制以 $P_0=(0.8,1.0)$，$P_1=(0.0,0.99)$，$P_3=(0.5,0.5)$，$P_5=(1.0,0.01)$，$P_6=(0.2,1.0)$为控制顶点的 4 次 Bézier 曲线.

6. 完成实验报告.上传实验报告和程序.

实验 12　实验数据的插值

一、实验目的

学会 MATLAB 软件中利用给定数据进行插值运算的方法.

二、相关知识

在生产和科学实验中,自变量 x 与因变量 y 间的函数关系 $y=f(x)$有时不能写出解析表达式,而只能得到函数在若干点的函数值或导数值,或者表达式过于复杂需要较大的计算量而只能计算函数在若干点的函数值或导数值,当要求知道其它点的函数值时,需要估计函数在该点的值.

为了完成这样的任务,需要构造一个比较简单的函数 $y=\varphi(x)$,使函数在观测点的值等于已知的值,或使函数在该点的导数值等于或者接近已知的值,寻找这样的函数 $y=\varphi(x)$有很多方法.根据测量数据的类型有以下两类处理观测数据的方法.

(1) 测量数据的数据量较小并且数据值是准确的,或者基本没有误差,这时一般用插值的方法来解决问题.

(2) 测量数据的数据量较大或者测量值与真实值有误差,这时一般用曲线拟合的方法来解决问题.

在 MATLAB 中,无论是插值还是拟合,都有相应的命令来处理.本实验讨论插值.

1. 一维插值

已知离散点上的数据集$\{(x_1,y_1),(x_2,y_2),\cdots,(x_n,y_n)\}$,即已知在点集 $X=\{x_1,x_2,\cdots,x_n\}$上的函数值 $Y=\{y_1,y_2,\cdots,y_n\}$,构造一个解析函数(其图形为一曲线)通过这些点,并能够求出这些点之间的值,这一过程称为一维插值.完成这一过程可以有多种方法,现在利用 MATLAB 提供的函数 interp1,这个函数的调用格式为

```
y = interp1(X,Y,x,method)
```

该函数用指定的算法根据 X,Y 找出一个一元函数 $y=f(x)$,然后以 $f(x)$给出 x 处的值.xi 可以是一个标量,也可以是一个向量.是向量时,必须单调,method 可以是下列方法之一.

'nearest':最近邻点插值;

'spline':三次样条函数插值;

'linear':线性插值(缺省方式);

'cubic':三次函数插值.

对于[min{xi},max{xi}]外的值,MATLAB 使用外推的方法计算数值.

例 1 已知某产品从 1900～2010 年每隔 10 年的产量为

75.995, 91.972, 105.711, 123.203, 131.699, 150.697,
179.323, 203.212, 226.505, 249.633, 256.344, 267.893,

计算出 1995 年的产量,用三次样条插值的方法,画出每隔一年的插值曲线图形,同时将原始的数据画在同一图上.

解 程序如下:

```
year = 1900:10:2010;
product = [75.995, 91.972, 105.711, 123.203, 131.699, 150.697,
           179.323,203.212,226.505,249.633,256.344,267.893]
p1995 = interp1(year,product,1995,'spline')
x = 1900:2010;
y = interp1(year,product,x,'spline');
plot(year,product,'o',x,y);
```

计算结果为 p1995=253.2278,图形见图 12.1.

如果用线性插值,则程序的后四行改为

```
p1995 = interp1(year,product,1995,'linear')
x = 1900:2010;
y = interp1(year,product,x,'linear');
plot(year,product,'o',x,y);
```

计算结果为 p1995=252.9885,图形见图 12.2.

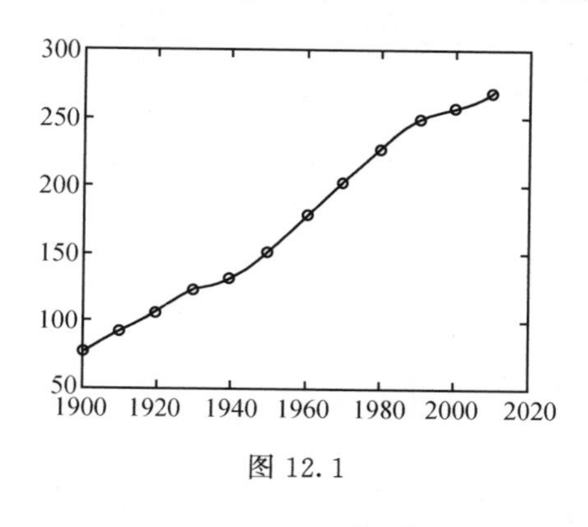

图 12.1

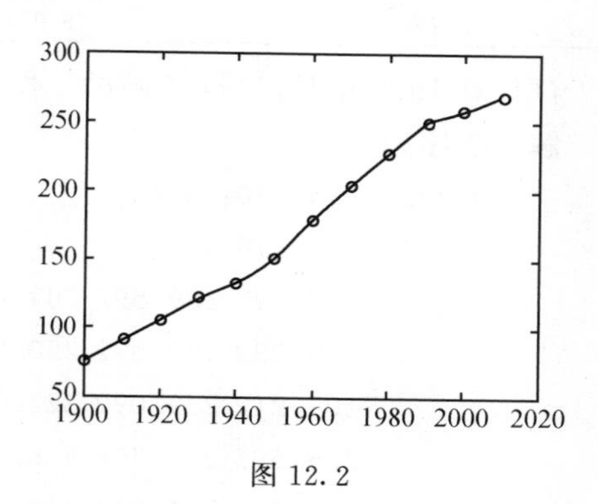

图 12.2

这两种计算方法得到的数据有微小的差异,这种差异从两个图形上也能够看到,主要表现在节点(那些绘制成圆点的点)的附近.前者是光滑的,后者有角点出现.

2. 二维插值

已知离散点上的数据集$\{(x_1,y_1,z_1),(x_2,y_2,z_2),\cdots,(x_n,y_n,z_n)\}$,即已知在点集$\{(x_1,y_1),(x_2,y_2),\cdots,(x_n,y_n)\}$上的函数值$\{z_1,z_2,\cdots,z_n\}$,构造一个解析函数(其图形为一曲面)通过这些点,并能够求出这些已知点以外的点的函数值,这一过程称为二维插值.

MATLAB 提供的函数为:

```
Zi = interp2(X,Y,Z,Xi,Yi,method)
```

该函数用指定的算法找出一个二元函数 $z=f(x,y)$,然后以 $f(x,y)$ 给出(x,y)处的值,返回数据矩阵 Zi. Xi,Yi 是向量,且必须单调,Zi 和 meshgrid(Xi,Yi)是同类型的. method 可以用下列方法之一,也可以缺省:

'nearest':最近邻点插值;

'spline':三次样条函数插值;

'linear':线性插值(缺省方式);

'cubic':三次函数插值.

例 2 已知 1950～1990 年每隔 10 年,服务年限从 10 年到 30 年每隔 10 年的劳动报酬表如表 12.1 所示.

表 12.1 某企业工作人员的月平均工资　　(单位:元)

年份＼服务年限	10	20	30
1950	150.697	169.592	187.652
1960	179.323	195.072	250.287
1970	203.212	239.092	322.767
1980	226.505	273.706	426.730
1990	249.633	370.281	598.243

试计算 1975 年时,15 年工龄的工作人员平均工资.

解 程序如下:

```
years = 1950:10:1990;
service = 10:10:30;
wage = [150.697 169.592 187.652
        179.323 195.072 250.287
        203.212 239.092 322.767
        226.505 273.706 426.730
        249.633 370.281 598.243]
w = interp2(service,years,wage,15,1975)
```

计算结果为 235.6288.

例 3　设有数据 $x=1,2,3,4,5,6$，$y=1,2,3,4$，在由 x,y 构成的网格上，数据为

12，　10，　11，　11，　13，　15，
16，　22，　28，　35，　27，　20，
18，　21，　26，　32，　28，　25，
20，　25，　30，　33，　32，　20.

画出原始网格图和将网格细化为间隔为 0.1 后的插值网格图.

解　程序为：

```
x = 1:6;
y = 1:4;
t = [12,10,11,11,13,15
     16,22,28,35,27,20
     18,21,26,32,28,25;
     20,25,30,33,32,20]
subplot(1,2,1)
surf(x,y,t)
x1 = 1:0.1:6;
y1 = 1:0.1:4;
[x2,y2] = meshgrid(x1,y1);
t1 = interp2(x,y,t,x2,y2,'cubic');
subplot(1,2,2)
surf(x1,y1,t1);
```

结果如图 12.3 所示. 左图是给定的网格处的数据，右图是插值后的数据.

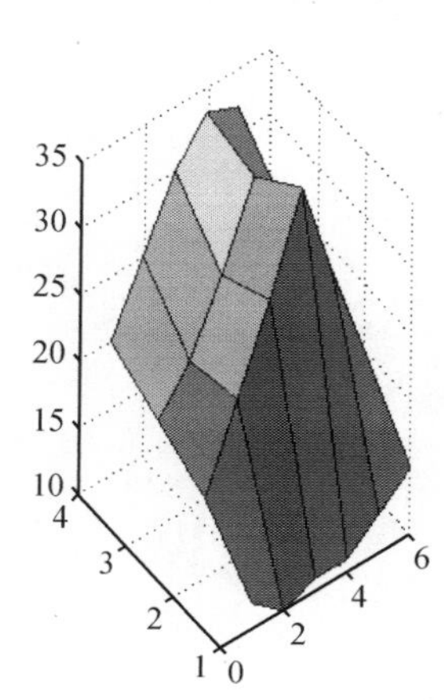

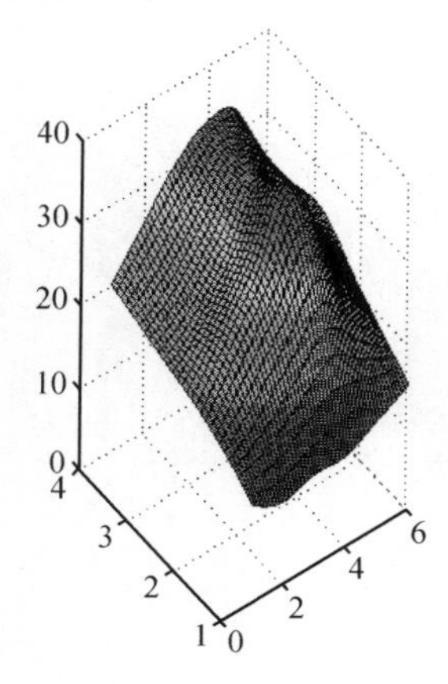

图 12.3

三、实验内容

1. 已知 $x=[0.1,0.8,1.3,1.9,2.5,3.1]$，$y=[1.2,1.6,2.7,2.0,1.3,0.5]$，利用其中的部分数据，分别用线性插值和 3 次函数插值，求 $x=2.0$ 处的值.

2. 已知二元函数 $z=f(x,y)$ 在点集 $D=\{(x,y)\mid x=0,1,2,3,4;y=0,1,2,3,4\}$ 上的值为 $\begin{bmatrix} 4 & 0 & -4 & 0 & 4 \\ 3 & 2 & -2 & 2 & 3 \\ 2 & 1 & 0 & 1 & 2 \\ 3 & 2 & -2 & 2 & 3 \\ 4 & 0 & -4 & 0 & 4 \end{bmatrix}$，其中，左上角位置表示(0,0)处的值，右下角位置表示(4,4)处的值，画出原始网格图和将网格细化为间隔为 0.1 后的插值网格图.

*3. 学习函数 interp3(X,Y,Z,V,X1,Y1,Z1,method)，对 MATLAB 提供的 flow 数据实现三维插值.

4. 完成实验报告. 上传实验报告和程序.

实验 13　实验数据的拟合

一、实验目的

学会 MATLAB 软件中利用给定数据进行拟合运算的方法.

二、相关知识

在上一个实验中,已经讨论了在生产和科学实验中,需要利用插值和拟合的场合,本实验讨论拟合. 在 MATLAB 中,拟合也有相应的函数来完成. 首先来讨论拟合的数学定义.

已知离散点上的数据集$\{(x_1,y_1),(x_2,y_2),\cdots,(x_n,y_n)\}$,即已知在点集$\{x_1,x_2,\cdots,x_n\}$上的函数值$\{y_1,y_2,\cdots,y_n\}$,构造一个解析函数 $f(x)$(其图形为一曲线),使 $f(x)$在原离散点 x_i 上的值尽可能接近给定的 y_i 值,这一构造函数 $f(x)$的过程称为曲线拟合. 最常用的曲线拟合方法是最小二乘法,该方法是寻找函数 $f(x)$使得 $M=\sum_{i=1}^{n}(f(x_i)-y_i)^2$ 最小.

在 MATLAB 中,有下面几个命令与拟合相关,它们的含义和调用方法如下:

```
p = polyfit(x,y,n)
c = lsqcurvefit(fun,c0,x,y)
```

说明:polyfit 求出已知数据 x,y 的 n 阶拟合多项式 $f(x)$的系数 p. x,y 都是向量,x 的分量必须是单调的.

lsqcurvefit 用作各种类型曲线的拟合,用最小二乘法寻找符合经验公式的最优曲线. 可用于非线性函数的数据拟合.

例 1　求如下给定数据的二次拟合曲线:$x=[0.5,1.0,1.5,2.0,2.5,3.0]$,$y=[1.75,2.45,3.81,4.80,7.00,8.60]$.

解　MATLAB 程序如下:

```
x = [0.5,1.0,1.5,2.0,2.5,3.0];
y = [1.75,2.45,3.81,4.80,7.00,8.60];
p = polyfit(x,y,2)
x1 = 0.5 : 0.05 : 3.0;
y1 = polyval(p,x1);      % 求以 p 为系数的多项式的值
plot(x,y,'*r',x1,y1,'-b')
```

计算结果为

```
p = 0.5614 0.8287 1.1560
```

此结果表示拟合函数为

$$f(x) = 0.5614x^2 + 0.8287x + 1.1560.$$

用此函数拟合数据的效果如图 13.1 所示.

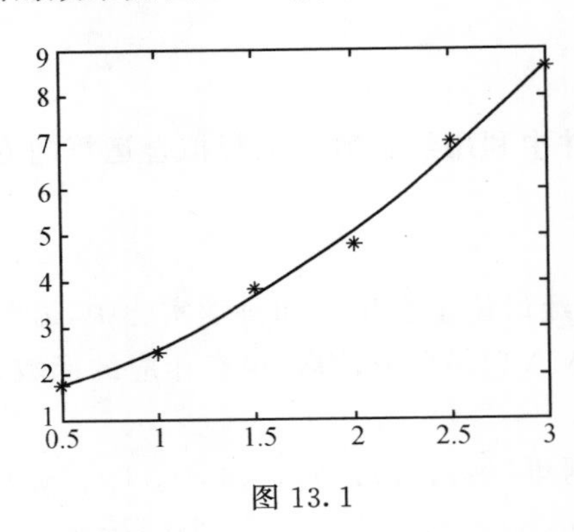

图 13.1

例 2 给定如表 13.1 的数据.

表 13.1

x	0.1	0.2	0.15	0	−0.2	0.3
y	0.95	0.84	0.86	1.06	1.50	0.72

考虑这些数据的非线性拟合,用函数 $y=ae^{bx}$,先将参数 a,b 合写为 c,编写如下程序:

```
fun = inline('c(1) * exp(c(2) * x)','c','x');
x = [0.1,0.2,0.15,0,-0.2,0.3];
y = [0.95,0.84,0.86,1.06,1.50,0.72];
c = lsqcurvefit(fun,[0,0],x,y)
norm(feval(fun,c,x) - y)^2
```

其中,[0,0]是初始值,最后一句是计算残差的平方和,也就是拟合函数在给定点的值和原始数据的差的平方和,运行结果为

```
Optimization terminated: relative function value changing by less
  than OPTIONS.TolFun.
c = 1.0997  -1.4923
ans = 0.0031
```

这说明残差很小.

关于 norm,其定义是

$$A=[a_1,a_2,\cdots,a_n],\quad \mathrm{norm}(A)=\left(\sum_{i=1}^{n}a_i^2\right)^{1/2}.$$

三、实验内容

1. 已知 x=[1.2,1.8,2.1,2.4,2.6,3.0,3.3],y=[4.85,5.2,5.6,6.2,6.5,7.0,7.5],求对 x,y 分别进行 4,5,6 阶多项式拟合的系数,并画出相应的图形.

2. 假定某天的气温变化记录如表 13.2,试用最小二乘法找出这一天的气温变化规律.

表 13.2

t/h	0	1	2	3	4	5	6	7	8	9	10	11	12
T/℃	15	14	14	14	14	15	16	18	20	22	23	25	28
t/h	13	14	15	16	17	18	19	20	21	22	23	24	
T/℃	31	32	31	29	27	25	24	22	20	18	17	16	

考虑下列类型函数,计算误差平方和,并作图比较效果:

(1) 二次函数;

(2) 三次函数;

(3) 四次函数;

*(4) 函数 $C=a\exp(-b(t-c)^2)$.

3. 完成实验报告.上传实验报告和程序.

实验 14　MATLAB 在级数中的应用

一、实验目的

掌握利用 MATLAB 进行级数运算的方法和技能.

二、相关知识

在高等数学中,级数一般分 3 个部分来叙述,即常数项级数的求和与审敛法则、幂级数的审敛和将函数展开为幂级数、傅里叶级数的性质和将函数展开为傅里叶级数.本实验讨论前两个内容.

1. 常数项级数的求和与审敛法则

在讨论常数项级数时,认为如果级数 $\sum_{i=1}^{\infty} a_i$ 的部分和 $\sum_{i=1}^{n} a_i$ 的极限存在,则称该级数收敛,并称此极限为级数的和.在 MATLAB 中,用于级数求和的命令是 symsum(),该命令的应用格式为

```
symsum(comiterm,v,a,b)
```

其中,comiterm 为级数的通项表达式,v 是通项中的求和变量,a 和 b 分别为求和变量的起点和终点.如果 a,b 缺省,则 v 从 0 变到 v−1,如果 v 也缺省,则系统对 comiterm 中的默认变量求和.

例 1　求级数的和 $I_1=\sum_{n=1}^{\infty}\frac{2n-1}{2^n}$, $I_2=\sum_{n=1}^{\infty}\frac{1}{n(2n+1)}$.

解　利用 MATLAB 函数 symsum 设计如下程序:

```
clear
syms n
f1 = (2 * n - 1)/2^n;
f2 = 1/(n * (2 * n + 1));
I1 = symsum(f1,n,1,inf)
I2 = symsum(f2,n,1,inf)
```

运行结果为

```
I1 = 3
I2 = 2 - 2 * log(2)
```

本例是收敛的情况，如果发散，则求得的和为 inf. 因此，本方法就可以同时用来解决求和问题和收敛性问题.

例 2 求级数的和 $I_3=\sum_{n=1}^{\infty}\frac{\sin x}{n^2}, I_4=\sum_{n=1}^{\infty}(-1)^{n-1}\frac{x^n}{n}$.

解 MATLAB 程序如下：

```
clear
syms n x
f3 = sin(x)/n^2;
f4 = (-1)^(n-1) * x^n/n;
I3 = symsum(f3,n,1,inf)
I4 = symsum(f4,n,1,inf)
```

运行结果为

```
I3 = 1/6 * sin(x) * pi^2
I4 = log(1 + x)
```

从这个例子可以看出，symsum()这个函数不但可以处理常数项级数，也可以处理函数项级数.

2. 函数的泰勒展开

级数是高等数学中函数的一种重要表示形式，有许多复杂的函数都可以用级数简单地来表示，而将一个复杂的函数展开成幂级数并取其前面的若干项来近似表达这个函数是一种很好的近似方法，在学习级数的时候知道，将一个函数展开成级数有时是比较麻烦的，现在介绍用 MATLAB 展开函数的方法.

在 MATLAB 中，用于幂级数展开的函数为 taylor()，其具体格式为

```
taylor(function,n,x,a)
```

function 是待展开的函数表达式，n 为展开项数，缺省时展开至 5 次幂，即 6 项，x 是 function 中的变量，a 为函数的展开点，缺省为 0，即麦克劳林展开.

例 3 将函数 $\sin x$ 展开为 x 的幂级数，分别展开至 5 次和 20 次.

解 MATLAB 程序为

```
clear
syms x
f = sin(x);
taylor(f)
taylor(f,20)
```

结果为

```
ans = x - 1/6 * x^3 + 1/120 * x^5
```

```
ans = x - 1/6 * x^3 + 1/120 * x^5 - 1/5040 * x^7 + 1/362880 * x^9 - 1/
      39916800 * x^11 + 1/6227020800 * x^13 - 1/1307674368000 * x^15
      + 1/355687428096000 * x^17 - 1/121645100408832000 * x^19
```

例 4　将函数$(1+x)^m$展开为x的幂级数,m为任意常数,展开至4次幂.

解　MATLAB程序为

```
clear
syms x m
f = (1 + x)^m;
taylor(f,5)
```

运行结果为

```
ans = 1 + m * x + 1/2 * m * (m - 1) * x^2 + 1/6 * m * (m - 1) * (m - 2) * x^3
      + 1/24 * m * (m - 1) * (m - 2) * (m - 3) * x^4
```

例 5　将函数$f(x)=\frac{1}{x^2+5x-3}$展开为$(x-2)$的幂级数.

解　MATLAB程序为

```
clear
syms x
f = 1/(x^2 + 5 * x - 3);
taylor(f,5,x,2)
pretty(ans)
```

结果为

```
ans = 29/121 - 9/121 * x + 70/1331 * (x - 2)^2 - 531/14641 * (x - 2)^3 +
      4009/161051 * (x - 2)^4
```

$$\frac{29}{121}-9/121x+\frac{70}{1331}(x-2)^2-\frac{531}{14641}(x-2)^3+\frac{4009}{161051}(x-2)^4$$

三、实验内容

1. 求级数$\sum_{n=1}^{\infty}\frac{n+1}{n\cdot 2^n}$的和.

2. 求级数$\sum_{n=1}^{\infty}\frac{n^3}{3^n}$的和.

3. 将函数$\cos x$展开成$\left(x-\frac{\pi}{3}\right)$的幂级数,取前10项.

4. 完成实验报告.上传实验报告和程序.

实验 15　MATLAB 与傅里叶级数

一、实验目的

掌握利用 MATLAB 进行傅里叶级数展开的方法和技能.

二、相关知识

在高等数学中,已学习过傅里叶级数的性质和将函数展开为傅里叶级数.本实验讨论利用 MATLAB 软件来完成将函数展开为傅里叶级数的工作.

已经知道,将一个函数 $f(x)$ 展开为傅里叶级数

$$f(x)=\frac{a_0}{2}+\sum_{k=1}^{\infty}(a_k\cos kx+b_k\sin kx),$$

其实就是要求出其中的系数 a_k 和 b_k,根据三角函数系的正交性,可以得到它们的计算公式如下:

$$a_0=\frac{1}{\pi}\int_{-\pi}^{\pi}f(x)\mathrm{d}x,$$

$$a_k=\frac{1}{\pi}\int_{-\pi}^{\pi}f(x)\cos kx\,\mathrm{d}x,\quad b_k=\frac{1}{\pi}\int_{-\pi}^{\pi}f(x)\sin kx\,\mathrm{d}x,\quad k=1,2,\cdots.$$

这样,结合 MATLAB 的积分命令 int()就可以计算这些系数,从而就可以进行函数的傅里叶展开了.

例　求函数 $f(x)=x^2$ 在 $[-\pi,\pi]$ 上的傅里叶级数.

解　先求出傅里叶系数,程序如下:

```
clear
syms x n
f = x^2
a0 = int(f,x, - pi,pi)/pi
an = int(f * cos(n * x),x, - pi,pi)/pi
bn = int(f * sin(n * x),x, - pi,pi)/pi
```

运行结果为

```
f = x^2
a0 = 2/3 * pi^2
an = 2 * (n^2 * pi^2 * sin(pi * n) - 2 * sin(pi * n) + 2 * pi * n * cos(pi
   * n))/n^3/pi
```

```
bn = 0
```

这里,得到了求傅里叶系数的公式,只要代入具体的 n 就可以得到结果了.

考虑到不同函数做傅里叶展开时,公式是一致的,因此,可以编制一个函数,专门用来计算函数的傅里叶系数,该函数如下:

```
function [a0,ak,bk] = myfly(f)
syms k x
a0 = int(f,x,-pi,pi)/pi;
ak = int(f*cos(k*x),x,-pi,pi)/pi;
bk = int(f*sin(k*x),x,-pi,pi)/pi;
```

注意,该文件一定要以 myfly.m 为文件名.

这样得到的是公式,如果要计算出具体的数值,则可以用下面的方法实现:

现将 ak,bk 的计算公式分别编制成独立的函数,并以相应的文件名命名.这里先编制两个 m 文件,其内容分别为

```
%fourieran.m
function an = fourieran(f,n)
syms x
an = int(f*cos(n*x),x,-pi,pi)/pi;
%fourierbn.m
function bn = fourierbn(f,n)
syms x
bn = int(f*sin(n*x),x,-pi,pi)/pi;
```

接着,再编写程序如下:

```
clear
syms x n
f = x^2
a0 = fourieran(f,0);
a = zeros(1,10)
b = zeros(1,10)
for n = 1:10
      a(n) = fourieran(f,n);
end
for n = 1:10
      b(n) = fourierbn(f,n);
end
```

即可完成前 21 个傅里叶系数的计算.

三、实验内容

1. 求出函数 $f(x)=x^3+x^2$ 在区间$[-\pi,\pi]$上的前 11 个傅里叶系数，即 $n=5$.

2. 将例 1 的程序进行扩展，使之成为一个能够对给定的函数，给定的系数个数，计算出所有傅里叶系数的通用程序，输入参数为函数和表示系数个数的 n.

3. 完成实验报告. 上传实验报告和程序.

实验 16　方程和方程组的求解

一、实验目的

熟悉 MATLAB 软件中关于求解方程和方程组的各种命令，掌握利用 MATLAB 软件进行线性方程组、非线性方程、非线性方程组的求解.

二、相关知识

在 MATLAB 中，由函数 solve()，null()，fsolve()，fzero 等来解决线性方程(组)和非线性方程(组)的求解问题，其具体格式如下：

```
X = solve('eqn1','eqn2',...,'eqnN','var1','var2',...,'varN')
X = fsolve(fun,x0,options)
```

函数 solve 用来解符号方程、方程组，以及超越方程，如三角函数方程等非线性方程. 参数'eqnN'为方程组中的第 N 个方程，'varN'则是第 N 个变量.

函数 null(A)则用来求线性方程组 $AX=O$ 的基础解系，实际是求系数矩阵 A 的零空间，在 null 函数中可加入参数'r'，表示有理基. 通过求系数矩阵的秩和增广矩阵的秩，可以判定方程组是否有解以及是否需要求基础解系.

另外，还可以用函数 fzero 来求解非线性方程. 用法与 fsolve 类似，请大家自己查看帮助系统.

例 1　求解方程 $x^2-x-6=0$ 的 MATLAB 程序为

```
X = solve('x^2 - x - 6 = 0','x')
```

结果为

```
X = 3, - 2
```

例 2　求解方程组 $\begin{cases}x^2+y-6=0\\y^2+x-6=0\end{cases}$ 的程序为

```
[X,Y] = solve('x^2 + y - 6 = 0','y^2 + x - 6 = 0','x','y')
```

结果为

```
X = 2, - 3,1/2 - 1/2 * 21^(1/2),1/2 + 1/2 * 21^(1/2)
Y = 2, - 3,1/2 + 1/2 * 21^(1/2),1/2 - 1/2 * 21^(1/2)
```

例 3　求解方程组 $\begin{cases}5x_1+4x_3+2x_4=3\\x_1-x_2+2x_3+x_4=1\\4x_1+x_2+2x_3=1\\x_1+x_2+x_3+x_4=0\end{cases}$ 的程序为

```
clear
format rat
A=[5,0,4,2;1,-1,2,1;4,1,2,0;1,1,1,1];
B=[3;1;1;0];
X=A\B
```

结果请大家自己运行.

例 4　求方程组$\begin{cases}x_1+2x_2+2x_3+x_4=0\\2x_1+x_2-2x_3-2x_4=0\\x_1-x_2-4x_3-3x_4=0\end{cases}$的通解的程序为

```
clear
format rat
A=[1,2,2,1;2,1,-2,-2;1,-1,-4,-3]
C=null(A,'r')              %求出矩阵 A 的解空间的有理基
```

结果如下:

```
C=
     2        5/3
    -2       -4/3
     1        0
     0        1
```

接着,用命令

```
syms k1 k2
X=k1*C(:,1)+k2*C(:,2)
```

求出的通解为

```
X=
[   2*k1+5/3*k2]
[-2*k1-4/3*k2]
[              k1]
[              k2]
```

例 5　求方程组$\begin{cases}x_1+2x_2+2x_3+x_4=1\\2x_1+x_2-2x_3-2x_4=2\\x_1-x_2-4x_3-3x_4=3\end{cases}$的通解的程序为

```
clear
format rat
A=sym('[1,2,2,1;2,1,-2,-2;1,-1,-4,-3]')
```

```
b = sym('[1;2;2]')
B = [A,b]
n = length(b)
RA = rank(eval(A))
RB = rank(eval(B))
if(RA == RB&RA == n)
    X = eval(A\B)                        % 在方程组满秩时,求出唯一解
elseif(RA == RB&RA<n)
      C = eval(A\b)                      % 在方程组不满秩时,求出特解
      D = null(eval(A),'r')              % 求出矩阵 A 的零空间的基,
                                           即方程组的基础解系
      syms k1 k2
      X = k1 * D(:,1) + k2 * D(:,2) + C  % 求出方程组的全部解
else
      fprintf('No Solution for the Equations')
end
```

结果请大家自己运行.

现在转而来看非线性方程组的求解,对于非线性方程组,用函数 fsolve 来求解.

例 6　求解非线性方程组 $\begin{cases} x_1 - 0.5\sin x_1 - 0.3\cos x_2 = 0 \\ x_2 - 0.5\cos x_1 + 0.3\sin x_2 = 0 \end{cases}$ 时,采用如下的方法,先建立存放函数的 m 文件,文件名必须与函数名一致,这里就应该为 sy6_6. m,内容如下:

```
function y = sy6_6(x)
y(1) = x(1) - 0.5 * sin(x(1)) - 0.3 * cos(x(2))
y(2) = x(2) - 0.5 * cos(x(1)) + 0.3 * sin(x(2))
```

接着,建立另一个 m 文件 sy6_6_1. m,其内容为

```
clear
format short
x0 = [0.1,0.1]
fsolve(@sy6_6,x0,optimset('fsolve')) % 这里的 optimset('fsolve')
                                       部分是优化设置,可以不用
```

结果是 0. 5414,0. 3310.

三、实验内容

1. 利用 MATLAB 求线性方程组 $\begin{cases} x_1+x_2+3x_3-x_4=-2 \\ x_2-x_3+x_4=1 \\ x_1+x_2+2x_3+2x_4=4 \\ x_1-x_2+x_3-x_4=0 \end{cases}$ 的全部解.

2. 利用 MATLAB 求方程 $x-\mathrm{e}^{-x}=0$ 的解.

3. 利用 MATLAB 求方程 $5x^2\sin x-\mathrm{e}^{-x}=0$ 在区间[0,10]中的全部解.

4. 利用 MATLAB 求方程组 $\begin{cases} x-0.7\sin x-0.2\cos y=0 \\ y-0.7\cos x-0.2\sin y=0 \end{cases}$ 的解.

*5. 利用函数 fzero 求解方程 $x^2\mathrm{e}^{-x^2}=0.2$ 在区间[-3,3]上的根.

6. 完成实验报告.上传实验报告和程序.

实验 17　微分方程和微分方程组的求解

一、实验目的

熟悉 MATLAB 软件中关于求解微分方程和微分方程组的各种命令，掌握利用 MATLAB 软件进行微分方程和微分方程组的求解.

二、相关知识

在 MATLAB 中，由函数 dsolve()解决微分方程(组)的求解问题，其具体格式如下：

```
X = dsolve('eqn1','eqn2',...)
```

函数 dsolve 用来解符号微分方程、方程组，如果没有初始条件，则求出通解，如果有初始条件，则求出特解.

例 1　求解微分方程$\frac{\mathrm{d}y}{\mathrm{d}x}=\frac{1}{x+y}$的 MATLAB 程序为

```
dsolve('Dy = 1/(x + y)','x'),
```

注意，系统缺省的自变量为 t，因此这里要把自变量写明. 结果为

```
- lambertw( - C1 * exp( - x - 1)) - x - 1
```

其中，y=lambertw(x)表示函数关系 y * exp(y)=x.

例 2　求解微分方程 $yy''-y'^2=0$ 的 MATLAB 程序为

```
Y2 = dsolve('D2y - Dy^2/y = 0','x')
```

结果为

```
Y2 =  exp(x1 * x) * C2
```

可以看到有两个解，其中一个是常数.

例 3　求微分方程组$\begin{cases}\frac{\mathrm{d}x}{\mathrm{d}t}+5x+y=\mathrm{e}^t\\ \frac{\mathrm{d}y}{\mathrm{d}t}-x-3y=\mathrm{e}^{2t}\end{cases}$特解的 MATLAB 程序为

```
[X,Y] = dsolve('Dx + 5 * x + y = exp(t),Dy - x - 3 * y = exp(2 * t)','t')
```

例 4　求微分方程组$\begin{cases}\dfrac{dx}{dt}+2x-\dfrac{dy}{dt}=10\cos t, & x|_{t=0}=2\\ \dfrac{dx}{dt}+\dfrac{dy}{dt}+2y=4e^{-2t}, & y|_{t=0}=0\end{cases}$特解的 MATLAB 程序为

```
[X,Y] = dsolve('Dx + 2 * x - Dy = 10 * cos(t),
Dx + Dy + 2 * y = 4 * exp( - 2 * t)','x(0) = 2','y(0) = 0')
```

以上这些都是微分方程的精确解法，也称为微分方程的符号解.已经知道，有大量的微分方程虽然从理论上讲，其解是存在的，但却无法求出其解析解.此时，需要寻求方程的数值解，在求微分方程数值解方面，MATLAB 具有丰富的函数，将其统称为 solver，其一般格式为

```
[T,Y] = solver(odefun,tspan,y0)
```

该函数表示在区间 tspan=[t0,tf]上，用初始条件 y0 求解显式常微分方程

$$y' = f(t,y).$$

solver 为命令 ode45，ode23，ode113，ode15s，ode23s，ode23t，ode23tb 之一，这些命令各有特点.列表说明于表 17.1.

表 17.1

求解器	ODE 类型	特　点	说　明
ode45	非刚性	一步算法，4，5 阶 Runge-Kutta 方法 累积截断误差$(\Delta x)^3$	大部分场合的首选算法
ode23	非刚性	一步算法，2，3 阶 Runge-Kutta 方法 累积截断误差$(\Delta x)^3$	使用于精度较低的情形
ode113	非刚性	多步法，Adams 算法，高低精度均 可达到 $10^{-3}\sim10^{-6}$	计算时间比 ode45 短
ode23t	适度刚性	采用梯形算法	适度刚性情形
ode15s	刚性	多步法，Gear's 反向数值积分，精度中等	若 ode45 失效时，可尝试使用
ode23s	刚性	一步法，2 阶 Rosebrock 算法，低精度.	当精度较低时，计算时间比 ode15s 短

odefun 为显式常微分方程 $y'=f(t,y)$中的 $f(t,y)$.

tspan 为求解区间，要获得问题在其他指定点 $t_0,t_1,t_2,\cdots$上的解，则令 tspan=$[t_0,t_1,t_2,\cdots,t_f]$(要求 t_i 单调).

$y0$ 为初始条件.

例 5　求解微分方程 $y'=-2y+2x^2+2x, 0\leqslant x\leqslant 0.5, y(0)=1$ 的 MATLAB 程序如下：

```
fun = inline('- 2 * y + 2 * x * x + 2 * x');[x,y] = ode23(fun,[0,0.5],1)
```

结果为

```
x = 0,0.0400,0.0900,0.1400,0.1900,0.2400,0.2900,0.3400,
```

```
0.3900,0.4400,0.4900,0.5000
y = 1.0000,0.9247,0.8434,0.7754,0.7199,0.6764,0.6440,0.6222,
    0.6105,0.6084,0.6154,0.6179
```

例 6　求解微分方程$\frac{d^2y}{dt^2}-\mu(1-y^2)\frac{dy}{dt}+y=0, y(0)=1, y'(0)=0$ 的解,并画出解的图形.

分析　这是一个二阶非线性方程,用现成的方法均不能求解,但可以通过下面的变换,将二阶方程化为一阶方程组,即可求解.

解　令 $x_1=y, x_2=\frac{dy}{dt}, \mu=7$,则得到

$$\begin{cases}\frac{dx_1}{dt}=x_2, & x_1(0)=1,\\ \frac{dx_2}{dt}=7(1-x_1^2)x_2-x_1, & x_2(0)=0.\end{cases}$$

接着,编写 vdp.m 如下:

```
function fy = vdp(t,x)
fy = [x(2);7 * (1 - x(1)^2) * x(2) - x(1)];
```

再编写 m 文件 sy7_6.m 如下:

```
y0 = [1;0]
[t,x] = ode45(@vdp,[0,40],y0);
y = x(:,1);dy = x(:,2);
plot(t,y,t,dy)
```

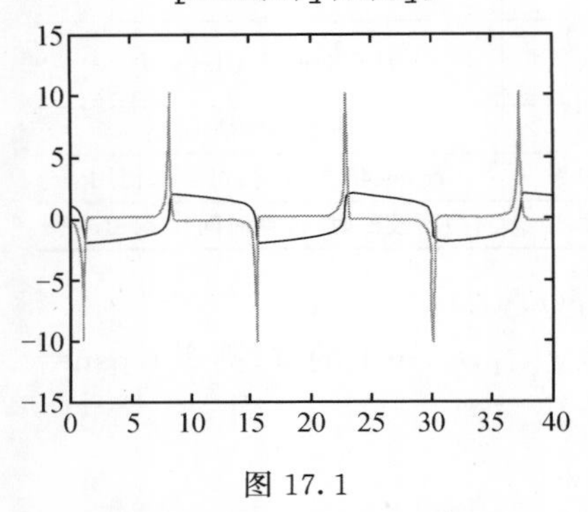

图 17.1

解的图形见图 17.1.

三、实验内容

1. 利用 MATLAB 求常微分方程的初值问题$\frac{dy}{dx}+3y=8, y|_{x=0}=2$ 的解.

2. 利用 MATLAB 求常微分方程的初值问题$(1+x^2)y''=2xy', y|_{x=0}=1, y'|_{x=0}=3$ 的解.

3. 利用 MATLAB 求微分方程 $y^{(4)}-2y'''+y''=0$ 的解.

4. 利用 MATLAB 求微分方程组$\begin{cases}2\frac{dx}{dt}+4x+\frac{dy}{dt}-y=e^t, & x|_{t=0}=\frac{3}{2}\\ \frac{dx}{dt}+3x+y=0, & y|_{t=0}=0\end{cases}$的

特解.

5. 求解微分方程 $y''-2(1-y^2)y'+y=0,0\leqslant x\leqslant 30,y(0)=1,y'(0)=0$ 的特解,并作出解函数的曲线图.

6. 完成实验报告.上传实验报告和程序.

实验 18　MATLAB 在复变函数中的应用

一、实验目的

了解 MATLAB 中有关复数的功能，能利用 MATLAB 软件计算复变函数中的相关问题.

二、相关知识

复数 z 由实部和虚部组成，表示为 $z=x+\mathrm{i}y$，x 和 y 为实数，i 为虚单位. 在 MATLAB 中也采用这样的方法来表示虚数，只是有时也用 j 来表示虚单位. 可以在命令窗口直接输入一个复数 $z=2+3*\mathrm{i}$，也可以用 complex()命令来生成复数. 用该命令还可生成复向量、复矩阵. 例如，

```
a = (1:4);b = (5:8);
z2 = complex(a,b),
```

则得到如下的结果：

```
1.0000 + 5.0000i   2.0000 + 6.0000i   3.0000 + 7.0000i
4.0000 + 8.0000i
```

现在来看一下有关复数的几个命令(表 18.1).

表 18.1

命令	real(X)	imag(X)	angle(X)	abs(X)	conj(X)
功能	返回实部	返回虚部	返回辐角	返回模	返回共轭

这些命令中的 X 均可以是复数、复向量、复矩阵.

前面讨论的四则运算、解代数方程、求极限、求导数、求积分、级数展开等运算，都可以运用到复数上来.

现在来看一下关于留数的计算. 留数是复变函数中的一个重要概念，按照复变函数教材上的定义，函数 $f(z)$在 z_0 点的留数定义为

$$\mathrm{Res}(f,z_0)=\frac{1}{2\pi\mathrm{i}}\int_C f(z)\mathrm{d}z,$$

其中，$f(z)$在区域 $0<|z-z_0|<R$ 内解析，z_0 是 $f(z)$的孤立奇点，C 为圆周 $|z-z_0|=r$，$0<r<R$. 按照 $f(z)$在 $0<|z-z_0|<R$ 的洛朗展开式，可以得到 $\mathrm{Res}(f,z_0)=\alpha_{-1}$，即 $f(z)$在 z_0 的留数等于 $f(z)$在 z_0 的洛朗级数展开式中$\frac{1}{z-z_0}$的系数.

按照定义,固然可以通过求函数的洛朗级数的方法来求出函数在给定点的留数,但是如果遇到较为复杂的函数,要计算留数并非一件易事,而 MATLAB 提供了一些计算工具.首先,对于分子分母均为多项式的函数,MATLAB 有一个专门用于计算留数的函数 residue(),其格式如下:

```
[R,P,K] = residue(B,A)
```

其中,参数 B 是由复变函数的分子的系数组成的向量,参数 A 是由复变函数的分母的系数组成的向量.例如,对于函数 $f(z)=\frac{z}{z^4-1}$,则 B=[1,0],A=[1,0,0,0,−1].参数 R 是返回的留数,是由不同奇点的留数组成的向量.参数 P 是返回的极点,也是一个向量,参数 K 是个向量,由 B/A 的商的多项式系数组成.如果 length(B)<length(A),则 K 为空向量,否则,length(K)=length(B)−length(A)+1.

另外,函数 residue()还可以根据已知的奇点 P,奇点的留数 R 和 K 来计算分式复变函数的系数 B 和 A,其格式如下:

```
[B,A] = residue(R,P,K)
```

其中参数的意义同前.

例 1 计算复变函数 $f(z)=\frac{z}{z^4-1}$的留数,然后根据计算的结果反求复变函数的分式表达式的系数 A 和 B.

解 程序如下:

```
clear
B = [1,0];
A = [1,0,0,0, - 1];
[R,P,K] = residue(B,A)
[B1,A1] = residue(R,P,K)
```

结果为

```
R = 0. 2500
    0. 2500
    - 0. 2500 + 0. 0000i
    - 0. 2500 - 0. 0000i
P = - 1. 0000
    1. 0000
    0. 0000 + 1. 0000i
    0. 0000 - 1. 0000i
K = []
B1 = 0   0. 0000   1. 0000   0. 0000
```

```
A1 = 1.0000  -0.0000  -0.0000   0.0000  -1.0000
```

例 2　计算复变函数 $f(z)=\dfrac{z^3+3z^2+2}{z^2+6z-1}$ 的留数，然后根据计算的结果反求复变函数的分式表达式的系数 A 和 B.

解　程序只要修改例 1 中的 B,A 为 B=[1,3,0,2],A=[1,6,−1]即可，结果如下：

```
R = 18.6706
     0.3294
P = -6.1623
     0.1623
K = 1      -3
B1 = 1.0000   3.0000   -0.0000   2.0000
A1 = 1.0000   6.0000   -1.0000
```

当复变函数的分子分母不是多项式时，函数 residue()就失效了. 此时，主要根据 4 个留数计算规则和一个定理来进行留数的计算，这 4 个规则如下：

(1) 如果 z_0 为 $f(z)$ 的一级极点，则 $\text{Res}\,[f(z),z_0]=\lim\limits_{z\to z_0}(z-z_0)f(z)$；

(2) 如果 z_0 为 $f(z)$ 的 m 级极点，则

$$\text{Res}\,[f(z),z_0]=\frac{1}{(m-1)!}\lim_{z\to z_0}\frac{\mathrm{d}^{m-1}}{\mathrm{d}z^{m-1}}\{(z-z_0)^m f(z)\};$$

(3) 设 $f(z)=\dfrac{P(z)}{Q(z)}$，且 $P(z)$ 和 $Q(z)$ 在 z_0 点都解析，如果 $P(z_0)\neq 0, Q(z_0)=0, Q'(z_0)\neq 0$，那么 z_0 为 $f(z)$ 的一级极点，则 $f(z)$ 在 z_0 的留数为

$$\text{Res}\,[f(z),z_0]=\frac{P(z_0)}{Q'(z_0)};$$

(4) 在无穷远点的留数 $\text{Res}\,[f(z),\infty]=-\text{Res}\left[f\left(\frac{1}{z}\right)\cdot\frac{1}{z^2},0\right]$.

定理　如果 $f(z)$ 在扩充复平面内只有有限个孤立奇点，那么 $f(z)$ 在所有奇点的留数的总和必定为零.

例 3　计算函数 $f(z)=\dfrac{z\mathrm{e}^z}{z^2-1}$ 在 $z=\pm 1$ 点的留数.

解　很明显，$z=1$ 和 $z=-1$ 都是 $f(z)$ 的一级极点，所以使用第一个运算法则较为合适. 用以下程序可以算得结果：

```
clear
syms z
f = z * exp(z)/(z^2 - 1);
z1 = 1;z2 = -1;
```

```
R1 = limit((z - 1) * f,z,1)
R2 = limit((z + 1) * f,z, - 1)
```

结果为

```
R1  = 1/2 * exp(1)
R2  = 1/2 * exp( - 1)
```

例 4 计算函数 $f(z)=\frac{e^z}{z^2-1}$在 $z=\infty$处的留数.

解 可以看出 $f(z)$在扩充复平面上有三个极点 $1,-1,\infty$,根据计算留数的定理,$f(z)$在∞处的留数应该等于其在 1 和-1 处留数的和,1 和-1 又是 $f(z)$的一级极点,所以有 $\text{Res}\,[f(z),\infty]=\text{Res}\,[f(z),1]+\text{Res}\,[f(z),-1]$,因此用以下程序可以求解:

```
clear
syms z
f = exp(z)/(z^2 - 1);
R1 = limit(f * (z - 1),z,1)
R2 = limit(f * (z + 1),z, - 1)
R = R1 + R2
```

结果如下:

```
R1  = 1/2 * exp(1)
R2  =  - 1/2 * exp( - 1)
R  = 1/2 * exp(1) - 1/2 * exp( - 1)
```

三、实验内容

1. 解方程组$\begin{cases} z_1+2z_2=1+\mathrm{i}, \\ 3z_1+\mathrm{i}z_2=2-3\mathrm{i}. \end{cases}$

2. 计算函数$\left(z+\frac{1}{z}\right)^z$ 在点 $z=\frac{\mathrm{i}}{2}$处的一阶导数.

3. 计算下列表达式在其奇点的留数:

(1) $\frac{1+z^4}{z(z^2+1)^2}$;(2) $\frac{1}{(z-1)^2(z+1)^2}$;(3) $\sin\left(\frac{1}{z-1}\right)$;(4) $\frac{\cos z}{z^2+4z-5}$.

*4. 把 z 作为符号,用函数 Taylor 将表达式$\frac{2z^5+5z^3+z^2+2}{z^3+2z^2+3z+1}$进行泰勒展开.

5. 完成实验报告.上传实验报告和程序.

实验 19　MATLAB 中的概率统计函数

一、实验目的

熟悉 MATLAB 中有关概率统计的函数，掌握利用 MATLAB 软件解决概率统计基本问题的方法.

二、相关知识

在 MATLAB 中，有一个专门的工具箱 stats toolbox 来处理有关概率论和数理统计的内容，该工具箱中有许多关于概率统计的函数，这里介绍一些基本函数.

先看一个例子.

例 1　设有 1000 件零件，其中优等品 300 件，随机抽取 50 件来检查，计算：

(1) 其中不多于 10 件优等品的概率，绘出这 50 件产品中优等品的概率分布图；

(2) 根据(1)算得的概率 p，进行逆累积概率计算，把算得的结果和 10 进行比较；

(3) 其中恰好有 10 件优等品的概率，给出随机变量的分布概率密度图像.

根据概率论的知识，对于一批共有 M 件产品，其中有 K 件次品，如果一次随机抽取 N 件来查看，则其中次品件数 x 符合超几何分布，记作 $x \sim H(N,K,M)$.

在 MATLAB 中，函数 hygecdf()用来计算超几何分布的累积概率分布，其具体格式如下：

```
P = hygecdf(x,M,K,N)
```

函数中参数的意义为共有 M 件产品，次品 K 件，抽取 N 件检查，计算发现其中不多于 x 件次品的概率.

函数 hygepdf()用来计算超几何分布的概率密度分布，其具体格式如下：

```
Px = hygepdf(x,M,K,N)
```

函数中参数的意义为共有 M 件产品，次品 K 件，抽取 N 件检查，计算发现其中恰好有 x 件次品的概率.

函数 hygeinv()进行逆累积分布计算，和 hygecdf()命令相对应. 其具体格式如下：

```
X = hygeinv(p,M,K,N)
```

在已知参数 M,K,N 和概率 p 的情况下计算随机量 X，使得 x 分布在[0,X]上的概率为 p.

函数 hygernd()产生超几何分布随机数，具体格式为

```
X = hygernd(M,K,N,m,n),
```

其在已知参数 M,K,N 的条件下，产生 m 行 n 列符合超几何分布的随机数.

依照上面的介绍，可设计程序如下：

```
clear
P1 = hygecdf(10,1000,300,50)
 X = hygeinv(P1,1000,300,50)
P2 = hygepdf(10,1000,300,50)
x = 1:50;
Px1 = hygecdf(x,1000,300,50);
Px2 = hygepdf(x,1000,300,50);
stairs(x,Px1);
figure        % 生成一个新的图形窗口
stairs(x,Px2);
```

结果请大家自己运行.

这里，函数 stairs(x,y)绘制向量 y 的阶梯图，其中阶梯的宽度以向量 x 指定.

上面介绍了 4 个关于超几何分布的函数，其实对于每一种常见分布，MATLAB 都提供了相应的函数，只要把表示超几何分布的字头“hyge”换成相应的字头即可，在 MATLAB 中，表示常用分布函数的字头如表 19.1 所示.

表 19.1

分　布	函数字头	分　布	函数字头
两项分布	bino	指数分布	exp
几何分布	geo	正态分布	norm
超几何分布	hyge	T 分布	t
泊松分布	poiss	F 分布	f
均匀分布	unif	β 分布	beta
离散均匀分布	unid	γ 分布	gam

只要将它们分别与 cdf,pdf,inv,rnd 组合，即可得到各种分布的相应函数. 其用法可以用“help 函数名”查看.

MATLAB 还可以用来求常用分布函数计算数学期望和方差，命令如表 19.2 所示.

表 19.2

分布名	计算命令	意义和说明
两项分布	[E,D]=binostat(N,P)	计算两项分布的数学期望和方差
超几何分布	[E,D]=hygestat(M,K,N)	计算超几何分布的数学期望和方差
泊松分布	[E,D]=poisstat(Lambda)	计算泊松分布的数学期望和方差

续表

分布名	计算命令	意义和说明
均匀分布	[E,D]=unifstat(A,B)	计算均匀分布的数学期望和方差
指数分布	[E,D]=expstat(P,Lambda)	计算指数分布的数学期望和方差
正态分布	[E,D]=normstat(mu,sigma)	计算正态分布的数学期望和方差

命令 cov()计算协方差,corrcoef()计算相关系数.

MATLAB 还可以用来进行参数估计,常用分布参数估计的命令如表 19.3 所示.

表 19.3

常用分布	参数估计命令
泊松分布	[lambdahat,lambdaci]=poissfit(X,Alpha)
均匀分布	[ahat,bhat,aci,bci]=unifit(X,Alpha)
指数分布	[lambdahat,lambdaci]=expfit(X,Alpha)
两项分布	[phat,pci]=binofit(X,Alpha)
正态分布	[muhat,sigmahat,muci,sigmaci]=normfit(X,Alpha)

例 2 设有一批零件,其中一级品的概率为 0.2,现在从中随机抽取 20 只,其中一级品的个数为随机量.根据条件给出一个随机数,然后再根据这个随机数计算一级品率的最大可能性估计值.

解 程序如下:

```
clear
X = binornd(20,0.2)          % 生成二项分布随机数
[p,pci] = binofit(X,20)      % 给出参数估计和置信区间
```

结果为

```
X = 2,p = 0.1000,pci = [0.0123,0.3170]
```

这样的结果表示:当随机抽取 20 个样品,其中一级品为 2 个时,一级品率的估计值为 0.1,虽然与实际情况不符,但的确在置信区间内.

例 3 设有一批产品 2000 个,其中有 30 个次品,随机抽取 100 个产品,求其中次品数 x 的概率密度分布,并绘制图形.这里有两种抽取方法:①不放回抽样,一次抽取 100 个;②放回抽样,抽 100 次.

分析 不放回抽样,x 服从超几何分布;放回抽样,x 服从两项分布,此时次品率按 30/2000=0.015 计算.因为抽取的数量多(100 个),次品率小(p=0.015),所以 x 的分布可以按泊松分布近似计算,此时分布参数 Lambda=100×0.015=1.5.程序如下:

```
clear
x = 0:20;
P1 = hygepdf(x,2000,30,100);
P2 = binopdf(x,100,0.015);
P3 = poisspdf(x,1.5);
subplot(3,1,1)
plot(x,P1,'+')
title('hygepdf');
subplot(3,1,2)
plot(x,P2,'*')
subplot(3,1,3)
plot(x,P3,'.')
title('poisspdf')
```

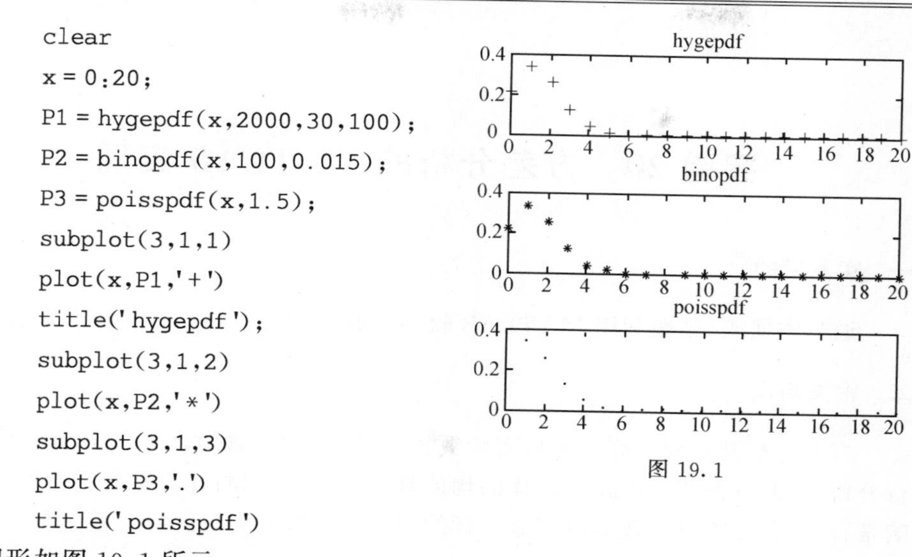

图 19.1

图形如图 19.1 所示.

三、实验内容

1. 在计算机上实现相关知识中的三个实例,体会 MATLAB 有关概率统计函数的用法.

2. 某人向空中抛硬币 100 次,落下为正面的概率为 0.5. 这 100 次中正面向上的次数为 x,

(1) 试计算 $x=45$ 的概率和$x\leqslant45$ 的概率;

(2) 给出随机数 x 的概率累积分布图像和概率密度图像.

3. 完成实验报告. 上传实验报告和程序.

实验 20　方差分析的 MATLAB 实现

一、实验目的

通过本实验，掌握利用 MATLAB 软件对数据进行方差分析的基本方法.

二、相关知识

方差分析是实验研究中分析实验数据的重要方法，该方法通过对实验数据进行分析，检验方差相同的正态总体的均值是否相同，以判断各因素对实验指标的影响是否显著. 方差分析按影响实验指标的因素的个数分为单因素方差分析，双因素方差分析和多因素方差分析.

1. 单因素方差分析

一项试验有多个影响因素，如果只有一个在发生变化，则称单因素分析. 假设某一试验有 s 个不同条件，则在每个条件(或称水平)下进行试验，可得 s 个总体，分别记为 $X_1,\cdots,X_s$，各总体的均值表示为 $u_1,\cdots,u_s$，各总体的方差表示为 $\sigma_1,\cdots,\sigma_s$. 现在，在这 s 个总体服从正态分布且方差相等的情况下检验各总体的均值是否相等. 当假设成立时，认为因素对试验结果之间没有显著影响.

在 MATLAB 中，单因素方差分析用函数 anova1 实现，具体使用方法为：p=anova1(X)进行平衡单因素方差分析，它比较 $m\times n$ 样本矩阵 X 中两列或多列数据的均值. 若 p 值接近 0，则认为列均值存在差异，具体的 p 值由自己确定，一般小于 0.05 或 0.01.

anova1 函数生成两个图形窗口，第一个窗口为标准方差分析表，分为 6 列.

第一列：显示误差来源；

第二列：显示每一误差来源的平方和(ss)；

第三列：显示与每一误差来源相关的自由度(df)；

第四列：显示均值平方和(MS)；

第五列：显示 F 统计量(F)；

第六列：显示 p 值(Prob$>F$).

第二个窗口显示 X 的每一列的箱形图. 箱形图中心线上较大的差异对应于较大的 F 值和较小的 p 值.

例 1　设有 3 台机器，用来生产规格相同的铝合金薄板. 取样，测量薄板的厚度精确至千分之一厘米．得到结果如表 20.1 所示.

表 20.1　铝合金板的厚度　　（单位：cm）

机器 I	机器 II	机器 III
0.236	0.257	0.258
0.238	0.253	0.264
0.248	0.255	0.259
0.245	0.254	0.267
0.243	0.261	0.262

解　需要检验假设 $H_0: u_1 = u_2 = u_3$，$H_1: u_1, u_2, u_3$ 不相等，在 MATLAB 中输入相应的程序：

```
clear;
clc;
x = [0.236,0.257,0.258;
     0.238,0.253,0.264;
     0.248,0.255,0.259;
     0.245,0.254,0.267;
     0.243,0.261,0.262];
p = anova1(x)
```

得结果如图 20.1 所示.

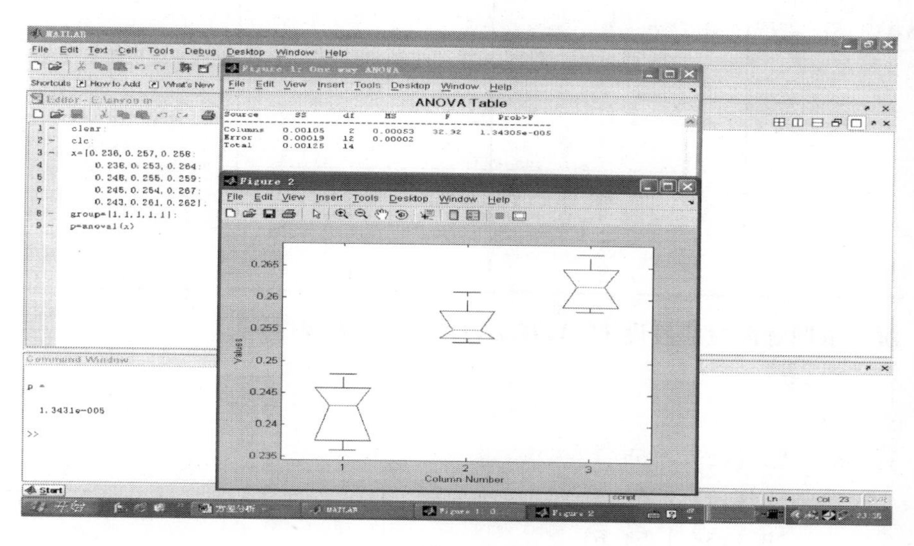

图 20.1

p 值为 1.3431e-005,故在水平为 0.05 下拒绝 H_0,认为各台机器生产的薄板厚度有明显的差异.

2. 双因素方差分析

因素水平的改变所造成的试验结果的改变,称为主效应.当某一因素的效应随另一因素的水平不同而不同,则称这两个因素之间存在交互作用.由于交互作用引起的试验结果的改变称为交互效应.

进行双因素方差分析用 p=anova2(X)实现,它比较样本 X 中两列或两列以上和两行或两行以上数据的均值.不同列中的数据代表一个因子 A 的变化.不同行中的数据代表因子 B 的变化.

anova2 函数返回 p 值到 P 向量中:

零假设 H_0A 的 p 值.零假设为源于因子 A 的所有样本(如 X 中的所有列样本)取自相同的总体.

零假设 H_0B 的 p 值.零假设为源于因子 B 的所有样本(如 X 中的所有行样本)取自相同的总体.

零假设 H_0AB 的 p 值.零假设为因子 A 和因子 B 之间没有交互效应.

例 2 一火箭使用了 4 种燃料、3 种推进器作射程试验.每种燃料与每种推进器的组合各发射火箭两次,得结果如表 20.2 所示.

表 20.2 (单位:海里)

推进器(B) / 燃料(A)	B1	B2	B3
A1	58.2 52.6	56.2 41.2	65.3 60.8
A2	49.1 42.8	54.1 50.5	51.6 48.4
A3	60.1 58.3	70.9 73.2	39.2 40.7
A4	75.8 71.5	58.2 51.0	48.7 41.4

解 依题意需检验假设 H_0A, H_0B, H_0AB,输入程序

```
clear;
clc;
x = [58.2,56.2,65.3;
     52.6,41.2,60.8;
     49.1,54.1,51.6;
     42.8,50.5,48.4;
```

```
        60.1,70.9,39.2;
        58.3,73.2,40.7;
        75.8,58.2,48.7;
        71.5,51.0,41.4];
    p = anova2(x,2)
```

结果如图 20.2 所示.

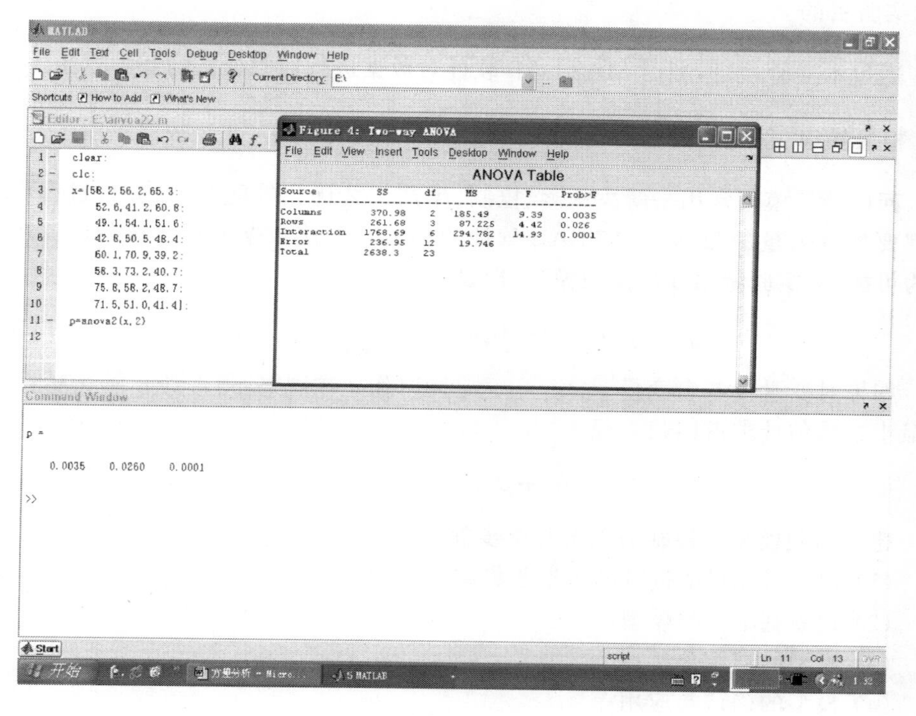

图 20.2

返回 p 值分别为 0.0035,0.0260,0.0001,所以拒绝 3 个零假设,认为燃料、推进器和二者的交互效应对于火箭的射程都是有显著影响的.

三、实验内容

1. 分别实现单因素方差分析的例 1 和双因素分析的例 2,通过观察所得的结果,根据在数理统计课程里所学的内容,进一步理解 MATLAB 中 anova1 和 anova2 的功能.

2. 完成实验报告.

实验 21　回归分析的 MATLAB 实现(一)

一、实验目的

通过本实验,掌握利用 MATLAB 软件对数据进行回归分析的基本方法.

二、相关知识

回归分析模型常用来解决预测、控制、生产工艺优化等问题. 在分析过程中一般都要处理大量的数据,MATLAB 软件的相关功能使数据分析方法的广泛应用成为可能. 本实验考察线性回归模型,即设

$$y = \beta_0 + \beta_1 x_1 + \cdots + \beta_k x_k + \varepsilon, \quad \varepsilon \sim N(0,\sigma^2). \tag{21.1}$$

如果对变量 y 与自变量 $x_1, x_2, \cdots, x_k$ 同时作 n 次观察,则得到 n 组观察值,采用最小二乘估计求得回归方程

$$\hat{y} = \hat{\beta}_0 + \hat{\beta}_1 x_1 + \cdots + \hat{\beta}_k x_k. \tag{21.2}$$

建立回归模型可概括为以下几个步骤:

(1) 根据研究目的进行的数据收集和预分析;

(2) 建立基本回归模型;

(3) 模型的精细分析;

(4) 模型的确认与应用等.

数据收集的一个经验准则是收集的数据量(在统计学中称为样本容量)至少应为可能的自变量数目的 6~10 倍. 在建模过程中首先根据所研究问题的目的设置因变量,然后选取与该因变量有统计关系的一些变量作为自变量. 自变量的选择应与问题密切相关,同时,自变量之间相关性不强,自变量间的相关性可以在建立初步模型后利用 MATLAB 软件进行检验. 下面通过一个实例[1]来说明如何利用 MATLAB 软件对数据进行回归分析.

例　年薪与相关因素分析.

工薪阶层普遍关心年薪与哪些因素有关,由此可制订自己的奋斗目标. 某机构希望估计从业人员的年薪 Y(单位:万元)与他们的成果(论文、著作等)的质量指标 X_1、从事本工作的时间 X_2(单位:年)、能成功获得资助的指标 X_3 之间的关系,为此调查了 24 位从业人员,得到如表 21.1 的数据.

表 21.1　某类从业人员的相关指标数据

i	1	2	3	4	5	6	7	8	9	10	11	12
x_{i1}	3.5	5.3	5.1	5.8	4.2	6.0	6.8	5.5	3.1	7.2	4.5	4.9
x_{i2}	9	20	18	33	31	13	25	30	5	47	25	11
x_{i3}	6.1	6.4	7.4	6.7	7.5	5.9	6.0	4.0	5.8	8.3	5.0	6.4
y_i	11.1	13.4	12.9	15.6	13.8	12.5	13.0	13.6	10.0	17.6	12.7	10.6
i	13	14	15	16	17	18	19	20	21	22	23	24
x_{i1}	8.0	6.5	6.6	3.7	6.2	7.0	4.0	4.5	5.9	5.6	4.8	3.9
x_{i2}	23	35	39	21	7	40	35	23	33	27	34	15
x_{i3}	7.6	7.0	5.0	4.4	5.5	7.0	6.0	3.5	4.9	4.3	8.0	5.8
y_i	14.4	14.7	14.2	11.2	11.4	16.0	12.7	12.0	13.5	12.3	15.1	11.7

求解步骤如下：

1）作出因变量 Y 与各自变量的样本散点图

作散点图可以观察因变量 Y 与各自变量间的变化规律，以便选择恰当的数学模型. 图 21.1 为年薪 Y 与成果质量指标 X_1，工作时间 X_2，获得资助的指标 X_3 之间的散点图，从图可以看出这些点大致分布在一条直线附近，有较好的线性关系，可以采用线性回归.

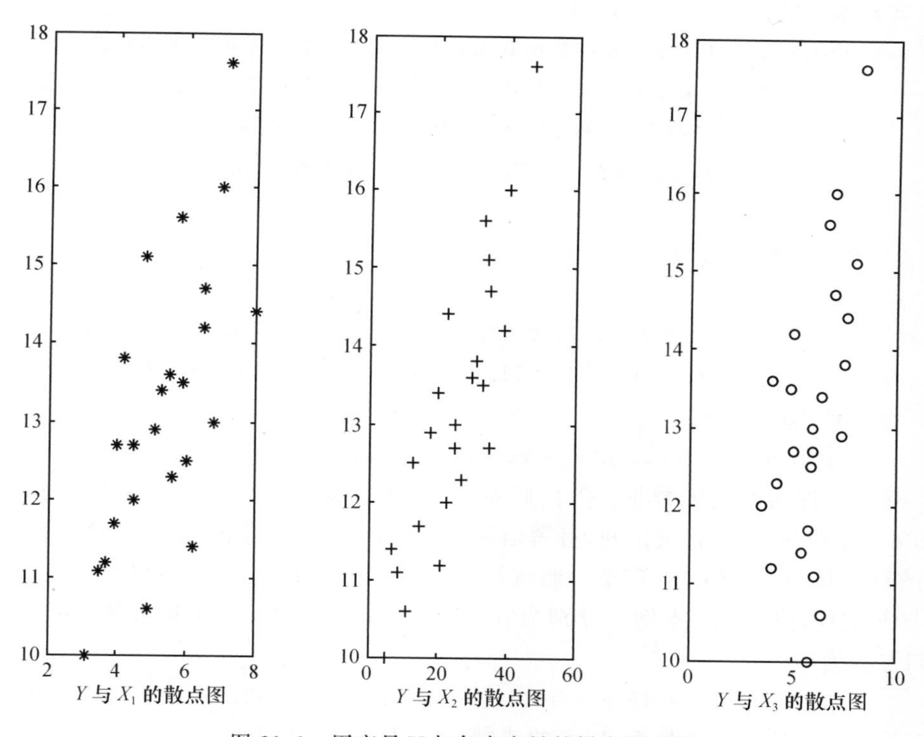

图 21.1　因变量 Y 与各自变量的样本散点图

实现这些图形的 MATLAB 程序为

```
X1 = [3.5 5.3 5.1 5.8 4.2 6.0 6.8 5.5 3.1 7.2 4.5 4.9 8.0 6.5 6.5 3.7
      6.2 7.0 4.0 4.5 5.9 5.6 4.8 3.9];
X2 = [9 20 18 33 31 13 25 30 5 47 25 11 23 35 39 21 7 40 35 23 33 27 34
      15];
X3 = [6.1 6.4 7.4 6.7 7.5 5.9 6.0 4.0 5.8 8.3 5.0 6.4 7.6 7.0 5.0 4.0
      5.5 7.0 6.0 3.5 4.9 4.3 8.0 5.8];
Y = [11.1 13.4 12.9 15.6 13.8 12.5 13.0 13.6 10.0 17.6 12.7 10.6
     14.4 14.7 14.2 11.2 11.4 16.0 12.7 12.0 13.5 12.3 15.1 11.7]';
subplot(1,3,1),plot(X1,Y,'*'),title('Y 与 X1 的散点图')
subplot(1,3,2),plot(X2,Y,'+'),title('Y 与 X2 的散点图')
subplot(1,3,3),plot(X3,Y,'o'),title('Y 与 X3 的散点图')
```

2) 利用 MATLAB 统计工具箱得到初步的回归方程

设回归方程为

$$\hat{y} = \hat{\beta}_0 + \hat{\beta}_1 x_1 + \hat{\beta}_2 x_3 + \hat{\beta}_3 x_3 .$$

实现本功能的 MATLAB 程序为

```
A = [3.5 5.3 5.1 5.8 4.2 6.0 6.8 5.5 3.1 7.2 4.5 4.9 8.0 6.5 6.5 3.7
     6.2 7.0 4.0 4.5 5.9 5.6 4.8 3.9;9 20 18 33 31 13 25 30 5 47 25 11
     23 35 39 21 7 40 35 23 33 27 34 15;6.1 6.4 7.4 6.7 7.5 5.9 6.0 4.0
     5.8 8.3 5.0 6.4 7.6 7.0 5.0 4.0 5.5 7.0 6.0 3.5 4.9 4.3 8.0
     5.8];
a = ones(24,1);
X = [a,A'];
Y = [11.1 13.4 12.9 15.6 13.8 12.5 13.0 13.6 10.0 17.6 12.7 10.6
     14.4 14.7 14.2 11.2 11.4 16.0 12.7 12.0 13.5 12.3 15.1 11.7]';
alpha = 0.05;
[b,bint,r,rint,stats] = regress(Y,X,alpha)
```

运行后即得到以下数据：① 回归系数 $b=(\beta_0,\beta_1,\beta_2,\beta_3)=(5.9345,0.3645,0.1084,0.4289)$ 及其置信区间，且置信区间均不包含原点；② 残差及其置信区间；③ 统计变量 stats，它包含三个检验统计量：相关系数的平方 R^2，假设检验统计量 F，与 F 对应的概率 p. 本例中分别为 0.9154；72.0934；0.0000. 因此得到初步的回归方程为

$$\hat{y} = 5.9345 + 0.3645 x_1 + 0.1084 x_3 + 0.4289 x_3 , \tag{21.3}$$

接着就是利用检验统计量 R,F,p 的值判断模型(21.3)是否可用.

(1) 相关系数 R 的评价：一般地，相关系数绝对值范围为 0.8～1，可判断回归

自变量与因变量具有较强的线性相关性. 本例 R 的绝对值为 0.9568,表明线性相关性较强.

(2) F 检验法:当 $F>F_{1-\alpha}(k,n-k-1)$时则拒绝原假设,即认为因变量 y 与自变量 $x_1,x_2,\cdots,x_k$ 之间显著地有线性相关关系;否则认为因变量 y 与自变量 $x_1,x_2,\cdots,x_k$ 之间线性相关关系不显著. 本例 $F=72.0934>F_{1-0.05}(3,24)=3.01$(另查表得到).

(3) p 值检验:若 $p<\alpha$(α 为预定显著水平),则说明因变量 y 与自变量 $x_1,x_2,\cdots,x_k$ 之间显著地有线性相关关系. 本例输出结果,$p=0.0000$,显然满足 $p<\alpha=0.05$.

以上三种统计推断方法推断的结果是一致的,说明因变量 y 与自变量之间显著地有线性相关关系,所得线性回归模型可用.

3) 模型的残差分析和改进

残差 $e_i=y_i-\hat{y}_i(i=1,2,\cdots,n)$,是各观测值 y_i 与回归方程所对应得到的拟合值 $\hat{y}_i$ 之差,实际上,它是线性回归模型中误差 ε 的估计值. $\varepsilon\sim N(0,\sigma^2)$即有零均值和常值方差,利用残值的这种特性反过来考察原模型的合理性就是残差分析的基本思想. 利用 MATLAB 进行残差分析通过残差图来实现. 残差图是指以残差为纵坐标,以其他指定的量为横坐标的散点图. 主要包括:① 横坐标为观测时间或观测值序号;② 横坐标为某个自变量的观测值;③ 横坐标为因变量的拟合值. 通过观察残差图,可以对奇异点进行分析,还可以对误差的等方差性以及对回归函数中是否包含其他自变量、自变量的高次项及交叉项等问题给出直观的检验.

图 21.2 是本例的回归模型的残差 e 与拟合值 $\hat{y}$ 的散点图,图 21.3 是本例的

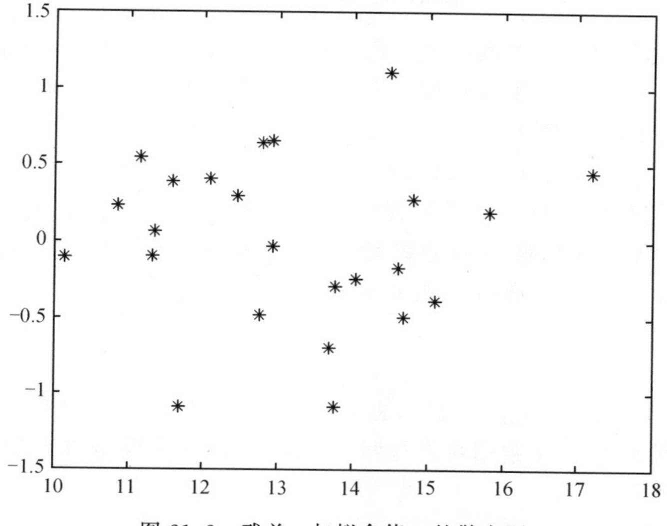

图 21.2　残差 e 与拟合值 $\hat{y}$ 的散点图

回归模型的时序残差图,即以观测值序号为横坐标的残差图. 实现图 21.2 和图 21.3 的 MATLAB 程序如下:

```
y1 = X * b;              % 求出 y^的值
e = Y - y1;              % 求出残差
plot(y1,e,'*');          % 画出以 y^i 为横坐标的残差图
figure;
rcoplot(r,rint);         % 画出以观测值序号为横坐标的残差图
```

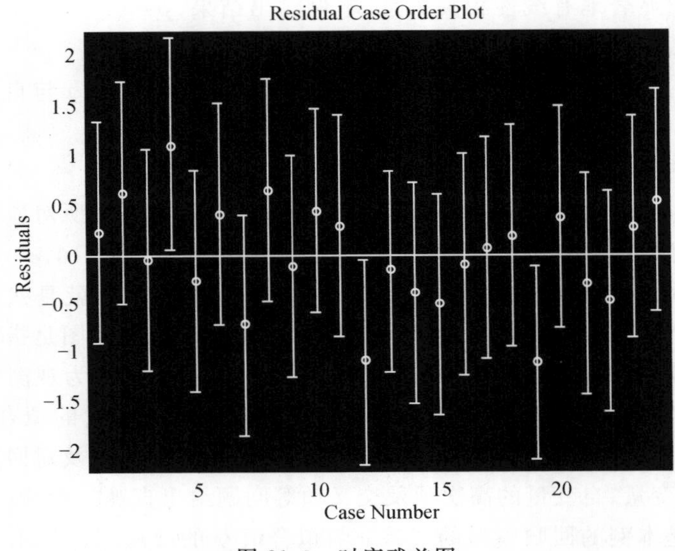

图 21.3　时序残差图

从两种残差图都可以看到残差大都分布在零的附近,因此还是比较好的,不过第 4,12,19 这三个样本点的残差偏离原点较远,可以将其作为奇异点看待,去掉后重新拟合,则得回归模型为

$$\hat{y} = 6.2914 + 0.2954x_1 + 0.1072x_3 + 0.4450x_3, \tag{21.4}$$

且回归系数的置信区间更小均不包含原点,统计变量 stats 包含的三个检验统计量:相关系数的平方 R^2,假设检验统计量 F,概率 P,分别为 0.9564,124.4453,0.0000,比较可知 R,F 均增加,模型得到改进.

三、实验内容

1. 就本实验中例的数据和程序,去掉奇异点 4,12,19 三个数据后,剩下 21 个数据点,对这剩下的 21 个数据点进行回归分析,给出计算程序和计算结果,并对结果进行分析.

2. 完成实验报告.

实验 22　回归分析的 MATLAB 实现(二)

一、实验目的

进一步掌握利用 MATLAB 软件对数据进行回归分析的技能，包括非线性回归和逐步回归.

二、相关知识

1. 非线性回归

在前面的实验中，已经讨论了对统计数据进行线性回归的方法，但对有些数据，用线性回归的方法不合适，因为数据实际上是非线性的情况，因此要使用非线性回归的方法. 非线性回归在 MATLAB 中用命令 nlinfit 实现，调用格式为

```
[beta,r,j] = nlinfit(x,y,'model',beta0)
```

其中，输入数据 x，y 分别为 $n\times m$ 矩阵和 n 维列向量，对一元非线性回归，x 为 n 维列向量，model 是事先用 M-文件定义的非线性函数，beta0 是回归系数的初值，beta 是估计出的回归系数，r 是残差，j 是 Jacobian 矩阵，它们是估计预测误差需要的数据. 同时，可以用命令 nlpredci 来预测误差估计，其调用格式为

```
[y,delta] = nlpredci('model',x,beta,r,j)
```

例 1　已知某湖 8 年来湖水中 COD(化学需氧量)的浓度实测值为 $y=[5.19,5.30,5.60,5.82,6.00,6.06,6.45,6.95]$，选用 logistic 模型即 $y=\frac{a}{1+be^{-\lambda t}}$，建立时序预测模型.

解　(1) 对所要拟合的非线性模型建立的 m 文件 model. m 如下：

```
function yhat = model(beta,t)
yhat = beta(1)./(1 + beta(2) * exp( - beta(3) * t))
```

(2) 输入数据.

```
t = 1:8;
y = [5.19,5.30,5.60,5.82,6.00,6.06,6.45,6.95];
beta0 = [50,10,1]'
```

(3) 求回归系数.

```
[beta,r,j] = nlinfit(t',y','model',beta0)
```

得结果

```
beta = (56.1157,10.4006,0.0445)'
```

即

$$\hat{y} = \frac{56.1157}{1 + 10.4006e^{0.0445t}}.$$

(4) 预测及作图.

```
[yy,delta] = nlprodei('model',t',beta,r,j);
plot(t,y,'k+',t,yy,'r')
```

2. 逐步回归

逐步回归是一种从众多自变量中有效地选择重要变量的方法.逐步回归的基本思路是,先确定一个包含若干自变量的初始集合,然后每次从集合外的变量中引入一个对因变量影响最大的,再对集合中的变量进行检验,从变量中移出一个影响最小的,依此进行,直到不能引入和移出为止.引入和移出都以给定的显著性水平为标准.

MATLAB 统计工具箱中逐步回归的命令是 stepwise,它提供了一个人机交互界面,通过此工具可以自由地选择变量进行统计分析.该命令的用法是

```
stepwise(X,Y,inmodel,alpha)
```

其中,X 是自变量数据,排成 $n\times m$ 矩阵(m 为自变量个数,n 为每个变量的数据量),Y 是因变量数据,排成 $n\times 1$ 向量,inmodel 是自变量初始集合的指标,缺省时为全部自变量,alpha 为显著性水平,缺省时为 0.05.

运行 stepwise 命令时产生三个图形窗口 Stepwise Plot,Stepwise Table,Stepwise History.当鼠标移到图形某个区域时,鼠标的指针会变成一个小圆,点击后产生交互作用.Stepwise Plot 窗口中的虚线表示回归系数的置信区间包含零点,即该回归系数与零无显著差异,一般应将该变量移去;实线则表明该回归系数与零有显著差异,应保留在模型中.引入和移出变量还可参考 Stepwise History 窗口中剩余标准差 RMSE 是否在下降.Stepwise Table 窗口中列出了一个统计表,包括回归系数及其置信区间,以及模型的统计量剩余标准差 RMSE,相关系数 R-square,F 值、与 F 对应的概率.

对于上一实验中的例子,如果将回归模型设为

$$\hat{y} = \hat{\beta}_0 + \hat{\beta}_1 x_1 + \hat{\beta}_2 x_3 + \hat{\beta}_3 x_3 + \hat{\beta}_4 x_1 x_2 + \hat{\beta}_5 x_1 x_3 + \hat{\beta}_6 x_2 x_3. \tag{22.1}$$

同时引入新的自变量 $x_4 = x_1x_2$,$x_5 = x_1x_3$,$x_6 = x_2x_3$,则可以采用逐步回归法解决,源程序如下:

```
A = [3.5 5.3 5.1 5.8 4.2 6.0 6.8 5.5 3.1 7.2 4.5 4.9 8.0 6.5 6.5 3.7
     6.2 7.0 4.0 4.5 5.9 5.6 4.8 3.9;
     9 20 18 33 31 13 25 30 5 47 25 11 23 35 39 21 7 40 35 23 33 27 34
```

```
    15;
    6.1 6.4 7.4 6.7 7.5 5.9 6.0 4.0 5.8 8.3 5.0 6.4 7.6 7.0 5.0 4.0
    5.5 7.0 6.0 3.5 4.9 4.3 8.0 5.0]';
Y = [11.1 13.4 12.9 15.6 13.8 12.5 13.0 13.6 10.0 17.6 12.7 10.6
     14.4 14.7 14.2 11.2 11.4 16.0 12.7 12.0 13.5 12.3 15.1 11.7]';
x1 = A(:,1);
x2 = A(:,2);
x3 = A(:,3);
x4 = x1.*x2;
x5 = x1.*x3;
x6 = x2.*x3;
X = [A,x4,x5,x6];
stepwise(X,Y)
```

运行并按上述步骤操作后可以得到本文前面线性回归相同的结论，即不含交互项的模型是最好的，在此不详细列出逐步回归过程.

3. 主成分分析

主成分分析的本质是对实验数据的相关系数矩阵求特征值和特征向量，然后对特征向量进行排序，最大的特征值对应的特征向量方向即为第一主成分，次大的特征值所对应的特征向量方向即为第二主成分，以此类推.

例 2　已知某湖 8 年来湖水中 COD 浓度实测值(y)与影响因素湖区工业产值(x_1)、总人口数(x_2)、捕鱼量(x_3)、降水量(x_4)资料如下：

$$x_1 = [1.376, 1.375, 1.387, 1.401, 1.412, 1.428, 1.445, 1.477]',$$
$$x_2 = [0.450, 0.475, 0.485, 0.500, 0.535, 0.545, 0.550, 0.575]',$$
$$x_3 = [2.170, 2.554, 2.676, 2.713, 2.823, 3.088, 3.122, 3.262]',$$
$$x_4 = [0.8922, 1.1610, 0.5346, 0.9589, 1.0239, 1.0499, 1.1065, 1.1387]',$$
$$x = [x_1, x_2, x_3, x_4].$$

对数据进行主成分分析.

解　计算相关系数矩阵

```
R = corrcoef(x)
```

求特征根、特征向量

```
[V,D] = eig(R)
```

得结果

$$V=\begin{bmatrix}-0.2531 & 0.7854 & 0.1634 & 0.5407\\ 0.8022 & -0.1560 & 0.1660 & 0.5519\\ -0.5387 & -0.5968 & 0.2534 & 0.5380\\ -0.0477 & -0.0519 & -0.9389 & 0.3369\end{bmatrix},$$

$$D=\begin{bmatrix}0.0223 & 0 & 0 & 0\\ 0 & 0.0882 & 0 & 0\\ 0 & 0 & 0.7269 & 0\\ 0 & 0 & 0 & 3.1626\end{bmatrix}.$$

按特征值由大到小写出各主成分：

第一主成分：$f_1=0.5407x_1+0.5519x_2+0.5380x_3+0.3369x_4$，

方差贡献率为$\frac{3.1626}{4}=79.06\%$.

第二主成分：$f_2=0.1634x_1+0.1660x_2+0.2534x_3-0.9389x_4$，

方差贡献率为$\frac{0.7269}{4}=18.17\%$.

第三主成分：$f_3=0.7854x_1-0.1560x_2-0.5968x_3-0.0519x_4$，

方差贡献率为$\frac{0.0882}{4}=2.21\%$.

三、实验内容

1. 对例 1 中提供的数据进行非线性回归的实际操作，理解和体会对实验数据进行回归分析的过程.

*2. 对上述逐步回归方法写出利用 MATLAB 软件进行实际操作的步骤.

3. 理解主成分分析的方法，对题中给出的数据进行实际操作.

4. 完成实验报告. 上传实验报告和程序.

实验 23　统计量计算的 MATLAB 实现

一、实验目的

掌握利用 MATLAB 软件对数据计算常用统计量的方法.

二、相关知识

在数理统计中,有许多需要较大计算量的统计量,而 MATLAB 正好具有强大的计算能力,本实验讨论常用统计量的 MATLAB 实现.

样本的几何均值 $m=\text{geomean}(X)$,其定义为 $m=\left[\prod_{i=1}^{n}x_i\right]^{\frac{1}{n}}$,$X$ 若为向量,geomean(X)返回 X 中元素的几何均值;X 若为矩阵,geomean(X)返回一个行向量,其每个元素为 X 的对应列元素的几何均值.

样本的调和均值 $m=\text{harmmean}(X)$,其定义为 $m=\dfrac{n}{\sum_{i=1}^{n}1/x_i}$,$X$ 若为向量,harmmean(X)返回 X 中元素的调和均值;X 若为矩阵,geomean(X)返回一个行向量,其每个元素为 X 的对应列元素的调和均值.

样本的算术平均值 $m=\text{mean}(X)$,其定义为 $\bar{x}_j=\dfrac{1}{n}\sum_{i=1}^{n}x_{ij}$,X 若为向量,mean(X)返回 X 中元素的算术平均值;X 若为矩阵,mean(X)返回一个行向量,其每个元素为 X 的对应列元素的算术平均值.

样本数据的中值(中位数)$m=\text{median}(X)$,即样本数据的 50%中位数.

样本的极差 $y=\text{range}(X)$,计算样本数据的最大值和最小值之差.

样本的方差 $y=\text{var}(X)$,$y=\text{var}(X,1)$,$y=\text{var}(X,w)$,计算 X 中数据的方差,X 若为向量,var(X)返回 X 中元素的方差;X 若为矩阵,var(X)返回一个行向量,其每个元素为 X 的对应列元素的方差. $y=\text{var}(X)$是经 $n-1$ 进行了标准化,其中 n 是数据长度. 对于正态分布,这使 $y=\text{var}(X)$成为 σ^2 的最小方差无偏估计量;$y=\text{var}(X,1)$是经 n 进行了标准化,得到关于其均值(惯性矩)的样本数据的二阶矩;$y=\text{var}(X,w)$使用权重向量 w 计算方差.

样本的标准差 $y=\text{std}(X)$,标准差的定义为

$$s=\left(\frac{1}{n-1}\sum_{i=1}^{n}(x_i-\bar{x})^2\right)^{\frac{1}{2}},\quad \bar{x}=\frac{1}{n}\sum_{i=1}^{n}x_i.$$

协方差矩阵的计算 $C=\mathrm{cov}(X)$，X 若为向量，cov(X)返回 X 的方差；X 若为矩阵，cov(X)返回协方差矩阵.

计算任意阶中心矩 $m=\mathrm{moment}(X,\mathrm{order})$，定义为：$m_n=E(x-\mu)^k$，$E(X)$为 X 的期望.

相关系数的计算 $R=\mathrm{corrcoef}(X)$，X 的行元素为观测值，列元素表示变量，R 为相关系数矩阵.

缺失数据的处理：在对大量的数据样本进行处理分析时，常会遇到一些数据无法找到或不能确定某个数据的确切值的情况. 此时，用 NaN 来标注这样的数据，而使用以 nan 开头的函数来进行相关的计算，如求和用 nansum，求均值用 nanmean，相关的函数还有 nanmin，nanmax，nanmedian，nanstd 等.

例
```
x = 1:5
X = x' * x
geom = geomean(X)
harm = harmmean(X)
meanX = mean(X)
medianm = median(X)
rangem = range(X)
varx = var(X)
var1x = var(X,1)
stdX = std(X)
covX = cov(X)
moment1 = moment(X,1)
moment2 = moment(X,2)
moment3 = moment(X,3)
moment4 = moment(X,4)
R = corrcoef(X)
```

三、实验内容

1. 设 $X=\begin{bmatrix}1&2&4&2\\2&4&3&3\\3&3&4&4\\4&5&5&5\end{bmatrix}$，计算本实验讨论的 X 的各个统计量.

2. 设 $X=[1\ 2\ 3\ 4\ 5\ 6\ 7\ 8\ 9\ 10]'*[10\ 9\ 8\ 7\ 6\ 5\ 4\ 3\ 2\ 1]$，计算本实验讨论的 X 的各个统计量.

*3. 设 m=magic(5);m([1 7 13 19 25])=[NaN NaN NaN NaN NaN],求 nansum(m),nanmean(m)及其他处理缺失数据的统计量.

4. 完成实验报告.上传实验报告和程序.

实验 24 主成分分析的 MATLAB 编程实现

一、实验目的

利用统计学的知识，在理解主成分分析法计算过程的基础上，掌握利用 MATLAB 软件编程实现主成分分析法.

二、相关知识

主成分分析是把原来多个变量划为少数几个综合指标的一种统计分析方法，从数学角度来看，这是一种降维处理技术. 先来回顾主成分分析的计算步骤.

1. 计算相关系数矩阵

设原始数据为

$$X=\begin{bmatrix} x_{11} & x_{12} & \cdots & x_{1p} \\ x_{21} & x_{22} & \cdots & x_{2p} \\ \vdots & \vdots & & \vdots \\ x_{n1} & x_{n2} & \cdots & x_{np} \end{bmatrix},\quad \text{一般要求 } n>p, \tag{24.1}$$

根据原始数据，计算出相关系数矩阵

$$R=\begin{bmatrix} r_{11} & r_{12} & \cdots & r_{1p} \\ r_{21} & r_{22} & \cdots & r_{2p} \\ \vdots & \vdots & & \vdots \\ r_{p1} & r_{p2} & \cdots & r_{pp} \end{bmatrix}, \tag{24.2}$$

其中，$r_{ij}(i,j=1,2,\cdots,p)$为原变量 x_i 与 x_j 之间的相关系数，其计算公式为

$$r_{ij}=\frac{\sum_{k=1}^{n}(x_{ki}-\overline{x}_i)(x_{kj}-\overline{x}_j)}{\sqrt{\sum_{k=1}^{n}(x_{ki}-\overline{x}_i)^2\sum_{k=1}^{n}(x_{kj}-\overline{x}_j)^2}}. \tag{24.3}$$

因为 R 是实对称矩阵(即 $r_{ij}=r_{ji}$)，所以只需计算上三角元素或下三角元素即可.

2. 计算特征值与特征向量

首先解特征方程$|\lambda I-R|=0$，求出特征值 $\lambda_i(i=1,2,\cdots,p)$，并使其按大小顺序排列，即 $\lambda_1\geqslant\lambda_2\geqslant\cdots\geqslant\lambda_p\geqslant 0$；然后分别求出对应于特征值 λ_i 的特征向量 $e_i(i=1,$

$2,\cdots,p$)，这里要求 $\| e_i \| = 1$，即 $\sum_{j=1}^{p} e_{ij}^2 = 1$，其中，$e_{ij}$ 表示向量 e_i 的第 j 个分量.

3. 计算主成分贡献率及累计贡献率

主成分 λ_i 的贡献率为 $\lambda_i \Big/ \sum_{k=1}^{p} \lambda_k (i = 1,2,\cdots,p)$，累计贡献率为 $\sum_{k=1}^{i} \lambda_k \Big/ \sum_{k=1}^{p} \lambda_k$ $(i = 1,2,\cdots,p)$，一般取累计贡献率达 85% ～ 95% 的特征值 $\lambda_1,\lambda_2,\cdots,\lambda_m$ 所对应的第一、第二、…、第 $m(m \leqslant p)$ 个主成分.

4. 计算主成分载荷

主成分载荷的计算公式为 $l_{ij} = p(z_i, x_j) = \sqrt{\lambda_i} e_{ij} (i,j = 1,2,\cdots,p)$，得到各主成分的载荷以后，按照公式 $z_{ij} = \sum_{k=1}^{n} x_{ik} l_{kj}$ 进一步计算，得到各主成分的得分

$$Z = \begin{bmatrix} z_{11} & z_{12} & \cdots & z_{1m} \\ z_{21} & z_{22} & \cdots & z_{2m} \\ \vdots & \vdots & & \vdots \\ z_{n1} & z_{n2} & \cdots & z_{nm} \end{bmatrix}.$$

5. 计算过程的 MATLAB 实现

整个过程由几个程序构成，分别是：

bzh. m　用总和标准化法对矩阵进行标准化；

xgxs. m　计算相关系数、特征值、特征向量、对主成分排序、计算各特征值的贡献率、挑选主成分、输出主成分个数、计算主成分载荷；

zcfdf. m　计算各主成分得分、计算综合得分、排序；

main. m　主程序，先输入数据，接着调用前面的程序，得到结果并输出.

各个程序具体为

1) bzh. m

```
%bzh.m,用总和标准化法对输入矩阵进行标准化
function y = bzh(X)
colsum = sum(X,1); %对列求和
[m,n] = size(X);   %矩阵大小,m为行数,n为列数
for i = 1:m
for j = 1:n
  y(i,j) = X(i,j)/colsum(j);
```

```
    end
  end
```

2) xgxs. m

```
  % xgxs. m
  function L = xgxs(X);
  fprintf('相关系数矩阵:\n')
  corrcoefX = corrcoef(X) % 计算相关系数矩阵
  fprintf('特征向量(eig_vec)及特征值(eig_val):\n')
  [eig_vec,eig_val] = eig(corrcoefX)
  % 求特征值(eig_val)及特征向量(eig_vec)
  eval = diag(eig_val);
  [y,i] = sort(eval);  % 对特征根进行排序,y 为排序结果,i 为索引
  fprintf('特征根排序:\n')
  for z = 1:length(y)
    newy(z) = y(length(y) + 1 - z);
  end
  fprintf('%g\n',newy)
  fprintf('\n 贡献率:\n')
  newrate = newy/sum(newy)
  sumrate = 0;
  newi = [];
  for k = 1:length(y)
        sumrate = sumrate + newrate(k);
        if sumrate>0.85    break;
        end
  end    % 累积贡献率大于 85% 的特征值的序号就是 k
  fprintf('主成分数: %g\n\n',k);
  fprintf('主成分载荷:\n')
  for p = 1:k
    for q = 1:length(y)
      L(q,p) = sqrt(eval(i(length(y) + 1 - p))) * eig_vec(q,i(length(y)
        + 1 - p));
    end
  end % 计算载荷
  disp(L)
```

3）zcfdf. m

```
%zcfdf.m,计算得分
function z1 = zcfdf(vec1,vec2);
sco = vec1 * vec2;
csum = sum(sco,2);
[newcsum,i] = sort( - 1 * csum);
[newi,j] = sort(i);
fprintf('计算得分:\n')
num = length(sco(1,:));
fprintf('各主成分得分   综合得分   排序结果\n')
z1 = [sco,csum,j];
%得分矩阵:sco 为各主成分得分;csum 为综合得分;j 为排序结果
disp(z1)
```

4）主程序

```
%main.m
sj1
X = sysj;
v1 = bzh(X)
result = xgxs(v1);
zcfdf(v1,result);
```

6. 程序测试

原始数据为中国内地 35 个大城市某年的 10 项社会经济统计指标数据，见表 24. 1. 将其放在数据文件 sj1. m 中，并将数据矩阵命名为 sysj，将所有程序放在同一个文件夹中，并将该文件夹作为当前文件夹，在 MATLAB 命令窗口中运行 main. m 即可得到输出结果.

表 24. 1　中国内地 35 个大城市某年的 10 项社会经济统计指标数据

城市序号	城市名称	年底总人口/万人	非农业人口比/%	农业总产值/万元	工业总产值/万元	客运总量/万人	货运总量/万吨	地方财政预算内收入/万元	城乡居民年底储蓄余额/万元	在岗职工人数/万人	在岗职工工资总额/万元
1	北京	1249.90	0.5978	1843427	19999706	20323	45562	2790863	26806646	410.80	5773301
2	天津	910.17	0.5809	1501136	22645502	3259	26317	1128073	11301931	202.68	2254343
3	石家庄	875.40	0.2332	2918680	6885768	2929	1911	352348	7095875	95.60	758877
4	太原	299.92	0.6563	236038	2737750	1937	11895	203277	3943100	88.65	654023
5	呼和浩特	207.78	0.4412	365343	816452	2351	2623	105783	1396588	42.11	309337

续表

城市序号	城市名称	年底总人口/万人	非农业人口比/%	农业总产值/万元	工业总产值/万元	客运总量/万人	货运总量/万吨	地方财政预算内收入/万元	城乡居民年底储蓄余额/万元	在岗职工人数/万人	在岗职工工资总额/万元
6	沈阳	677.08	0.6299	1295418	5826733	7782	15412	567919	9016998	135.45	1152811
7	大连	545.31	0.4946	1879739	8426385	10780	19187	709227	7556796	94.15	965922
8	长春	691.23	0.4068	1853210	5966343	4810	9532	357096	4803744	102.63	884447
9	哈尔滨	927.09	0.4627	2663855	4186123	6720	7520	481443	6450020	172.79	1309151
10	上海	1313.12	0.7384	2069019	54529098	6406	44485	4318500	25971200	336.84	5605445
11	南京	537.44	0.5341	989199	13072737	14269	11193	664299	5680472	113.81	1357861
12	杭州	616.05	0.3556	1414737	12000796	17883	11684	449593	7425967	96.90	1180947
13	宁波	538.41	0.2547	1428235	10622866	22215	10298	501723	5246350	62.15	824034
14	合肥	429.95	0.3184	628764	2514125	4893	1517	233628	1622931	47.27	369577
15	福州	583.13	0.2733	2152288	6555351	8851	7190	467524	5030220	69.59	680607
16	厦门	128.99	0.4865	333374	5751124	3728	2570	418758	2108331	46.93	657484
17	南昌	424.20	0.3988	688289	2305881	3674	3189	167714	2640460	62.08	479555
18	济南	557.63	0.4085	1486302	6285882	5915	11775	460690	4126970	83.31	756696
19	青岛	702.97	0.3693	2382320	11492036	13408	17038	658435	4978045	103.52	961704
20	郑州	615.36	0.3424	677425	5287601	10433	6768	387252	5135338	84.66	696848
21	武汉	740.20	0.5869	1211291	7506085	9793	15442	604658	5748055	149.20	1314766
22	长沙	582.47	0.3107	1146367	3098179	8706	5718	323660	3461244	69.57	596986
23	广州	685.00	0.6214	1600738	23348139	22007	23854	1761499	20401811	182.81	3047594
24	深圳	119.85	0.7931	299662	20368295	8754	4274	1847908	9519900	91.26	1890338
25	南宁	285.87	0.4064	720486	1149691	5130	3293	149700	2190918	45.09	371809
26	海口	54.38	0.8354	44815	717461	5345	2356	115174	1626800	19.01	198138
27	重庆	3072.34	0.2067	4168780	8585525	52441	25124	898912	9090969	223.73	1606804
28	成都	1003.56	0.335	1935590	5894289	40140	19632	561189	7479684	132.89	1200671
29	贵阳	321.50	0.4557	362061	2247934	15703	4143	197908	1787748	55.28	419681
30	昆明	473.39	0.3865	793356	3605729	5604	12042	524216	4127900	88.11	842321
31	西安	674.50	0.4094	739905	3665942	10311	9766	408896	5863980	114.01	885169
32	兰州	287.59	0.5445	259444	2940884	1832	4749	169540	2641568	65.83	550890
33	西宁	133.95	0.5227	65848	711310	1746	1469	49134	855051	27.21	219251
34	银川	95.38	0.5709	171603	661226	2106	1193	74758	814103	23.72	178621
35	乌鲁木齐	158.92	0.8244	78513	1847241	2668	9041	254870	2365508	55.27	517622

三、实验内容

实现整个用于主成分分析的 MATLAB 程序，理解每一句语句的作用，如果仅考虑前 10 个城市，计算结果如何？考虑前 20 个城市，给出计算结果.

实验 25　主成分分析的 MATLAB 实现

一、实验目的

利用统计学的知识，在理解主成分分析法计算过程的基础上，掌握利用 MATLAB 软件实现主成分分析法.

二、相关知识

主成分分析是把原来多个变量划为少数几个综合指标的一种统计分析方法，从数学角度来看，这是一种降维处理技术. 先来回顾主成分分析的计算步骤.

1. 计算相关系数矩阵

$$R=\begin{bmatrix} r_{11} & r_{12} & \cdots & r_{1p} \\ r_{21} & r_{22} & \cdots & r_{2p} \\ \vdots & \vdots & & \vdots \\ r_{p1} & r_{p2} & \cdots & r_{pp} \end{bmatrix}, \tag{25.1}$$

其中，$r_{ij}(i,j=1,2,\cdots,p)$为原变量 x_i 与 x_j 之间的相关系数，其计算公式为

$$r_{ij}=\frac{\sum_{k=1}^{n}(x_{ki}-\overline{x}_i)(x_{kj}-\overline{x}_j)}{\sqrt{\sum_{k=1}^{n}(x_{ki}-\overline{x}_i)^2\sum_{k=1}^{n}(x_{kj}-\overline{x}_j)^2}}. \tag{25.2}$$

因为 R 是实对称矩阵（即 $r_{ij}=r_{ji}$），所以只需计算上三角元素或下三角元素即可.

2. 计算特征值与特征向量

首先解特征方程 $|\lambda I-R|=0$（通常用雅可比法），求出特征值 $\lambda_i(i=1,2,\cdots,p)$，并使其按大小顺序排列，即 $\lambda_1\geqslant\lambda_2\geqslant\cdots\geqslant\lambda_p\geqslant 0$；然后分别求出对应于特征值 λ_i 的特征向量 $e_i(i=1,2,\cdots,p)$，这里要求 $\|e_i\|=1$，即 $\sum_{j=1}^{p}e_{ij}^2=1$，其中，e_{ij} 表示向量 e_i 的第 j 个分量.

3. 计算主成分贡献率及累计贡献率

主成分 λ_i 的贡献率为 $\dfrac{\lambda_i}{\sum\limits_{k=1}^{p}\lambda_k}(i=1,2,\cdots,p)$，累计贡献率为 $\dfrac{\sum\limits_{k=1}^{i}\lambda_k}{\sum\limits_{k=1}^{p}\lambda_k}(i=1,2,\cdots,p)$，一般取累计贡献率达 85%～95% 的特征值 $\lambda_1,\lambda_2,\cdots,\lambda_m$ 所对应的第一、第二、…、第 $m(m\leqslant p)$ 个主成分.

4. 计算主成分载荷

主成分载荷的计算公式为

$$l_{ij}=p(z_i,x_j)=\sqrt{\lambda_i}e_{ij},\quad i,j=1,2,\cdots,p,$$

得到各主成分的载荷以后，按照 $z_{ij}=\sum\limits_{k=1}^{n}x_{ik}l_{kj}$ 进一步计算，得到各主成分的得分

$$Z=\begin{bmatrix} z_{11} & z_{12} & \cdots & z_{1m} \\ z_{21} & z_{22} & \cdots & z_{2m} \\ \vdots & \vdots & & \vdots \\ z_{n1} & z_{n2} & \cdots & z_{nm} \end{bmatrix}.$$

5. 计算过程的 MATLAB 实现

在 MATLAB 中，函数 princomp(X)用于实现主成分分析，其调用格式为

```
[pc,score,variance] = princomp(X)
```

其中，X 为输入数据矩阵，要求是经过标准化的数据.

$$X=\begin{bmatrix} x_{11} & x_{12} & \cdots & x_{1m} \\ x_{21} & x_{22} & \cdots & x_{2m} \\ \vdots & \vdots & & \vdots \\ x_{n1} & x_{n2} & \cdots & x_{nm} \end{bmatrix},\quad \text{一般要求 } n>m.$$

如果 X 是一般的数据，则需要经过如下的标准化过程.

(1) 中心化：将原始数据变换成 $y_{ij}=x_{ij}-\bar{x}_j(i=1,2,\cdots,n,j=1,2,\cdots,p)$，其中，$\bar{x}_j=\dfrac{1}{n}\sum\limits_{i=1}^{n}x_{ij}$；

(2) 标准化：$y_{ij}^*=y_{ij}/s_j$，其中，$s_j=\sqrt{\dfrac{\sum\limits_{i=1}^{n}(x_{ij}-\bar{x}_j)^2}{n-1}}$.

计算结果为

pc　　主分量 fi 的系数，也叫因子系数，注意：(px)′(pc)=I；

score　主分量下的得分值,得分矩阵和数据矩阵 X 的阶数是一致的;

variance score　对应列的方差向量,即 X 的特征值,容易计算方差所占的百分比(即贡献率)为 percent_v=100 * variance/sum(variance).

由此,可计算出累积贡献率 $\sum_{k=1}^{i}$ pervent_v(k),当规定了累积贡献率以后,就可以决定主成分的个数了.

实现整个过程的 MATLAB 程序如下:

```
sj1    % 调用数据文件,数据矩阵名 sysj;
s = size(sysj);
n = s(1);
m = s(2);
stdr = std(sysj);
ra_m = mean(sysj);
sr = (yssj - repmat(ra_m,n,1)). /repmat(stdr,n,1);
[pc,score,variance,t2] = princomp(sr)
percent_v = variance/sum(variance)
n = length(percent_v);
s0 = 0;
s1 = zeros(n,1);
for i = 1:n
      s0 = s0 + percent_v(i);
      s1(i) = s0;
      if s0<0.85
            j = i;
      end
end
fprintf('主成分数:%g\n',j + 1)
fprintf('主成分 特征值 贡献率 %% 累积贡献率 %%\n')
for i = 1:n
      fprintf('%4g %13.4f %13.4f %13.4f\n',i,variance(i),100 *
        percent_v(i),100 * s1(i))
end
```

三、实验内容

1. 实现整个用于主成分分析的 MATLAB 程序,理解每一句语句的作用. 对

表 25.1 中的数据进行主成分分析. 如果仅考虑前 10 个样本, 结果又如何?

表 25.1 某农业生态经济系统各区域单元的有关数据

样本序号	x_1:人口密度/人/km^2	x_2:人均耕地面积/ha	x_3:森林覆盖率/%	x_4:农民人均纯收入/(元/人)	x_5:人均粮食产量/(kg/人)	x_6:经济作物占农作物播面比例/%	x_7:耕地占土地面积比率/%	x_8:果园与林地面积之比/%	x_9:灌溉田占耕地面积之比/%
1	363.912	0.352	16.101	192.11	295.34	26.724	18.492	2.231	26.262
2	141.503	1.684	24.301	1752.35	452.26	32.314	14.464	1.455	27.066
3	100.695	1.067	65.601	1181.54	270.12	18.266	0.162	7.474	12.489
4	143.739	1.336	33.205	1436.12	354.26	17.486	11.805	1.892	17.534
5	131.412	1.623	16.607	1405.09	586.59	40.683	14.401	0.303	22.932
6	68.337	2.032	76.204	1540.29	216.39	8.128	4.065	0.011	4.861
7	95.416	0.801	71.106	926.35	291.52	8.135	4.063	0.012	4.862
8	62.901	1.652	73.307	1501.24	225.25	18.352	2.645	0.034	3.201
9	86.624	0.841	68.904	897.36	196.37	16.861	5.176	0.055	6.167
10	91.394	0.812	66.502	911.24	226.51	18.279	5.643	0.076	4.477
11	76.912	0.858	50.302	103.52	217.09	19.793	4.881	0.001	6.165
12	51.274	1.041	64.609	968.33	181.38	4.005	4.066	0.015	5.402
13	68.831	0.836	62.804	957.14	194.04	9.110	4.484	0.002	5.790
14	77.301	0.623	60.102	824.37	188.09	19.409	5.721	5.055	8.413
15	76.948	1.022	68.001	1255.42	211.55	11.102	3.133	0.010	3.425
16	99.265	0.654	60.702	1251.03	220.91	4.383	4.615	0.011	5.593
17	118.505	0.661	63.304	1246.47	242.16	10.706	6.053	0.154	8.701
18	141.473	0.737	54.206	814.21	193.46	11.419	6.442	0.012	12.945
19	137.761	0.598	55.901	1124.05	228.44	9.521	7.881	0.069	12.654
20	117.612	1.245	54.503	805.67	175.23	18.106	5.789	0.048	8.461
21	122.781	0.731	49.102	1313.11	236.29	26.724	7.162	0.092	10.078

2. 完成实验报告.

实验 26　聚类分析的 MATLAB 编程实现

一、实验目的

掌握利用 MATLAB 软件对实验数据进行聚类分析的基本方法.

二、相关知识

聚类分析是研究(样品或指标)分类问题的一种多元统计方法,这里的类,是指相似元素的集合.

设有 n 个样品,每个样品测得 p 项指标(变量),原始资料矩阵为

$$X=\begin{matrix} & \begin{matrix} x_1 & x_2 & \cdots & x_p \end{matrix} \\ \begin{matrix} X_1 \\ X_2 \\ \vdots \\ X_n \end{matrix} & \begin{bmatrix} x_{11} & x_{12} & \cdots & x_{1p} \\ x_{21} & x_{22} & \cdots & x_{2p} \\ \vdots & \vdots & & \vdots \\ x_{n1} & x_{n2} & \cdots & x_{np} \end{bmatrix} \end{matrix},$$

其中,$x_{ij}(i=1,\cdots,n;j=1,\cdots,p)$为第 i 个样品的第 j 个指标的观测数据. 第 i 个样品 X_i 为矩阵 X 的第 i 行所描述,所以任何两个样品 X_k 与 X_l 之间的相似性,可以通过矩阵 X 中的第 k 行与第 l 行的相似程度来刻画;任何两个变量 x_k 与 x_l 之间的相似性,可以通过第 k 列与第 l 列的相似程度来刻画.

用于聚类分析的最短距离法

定义类 G_i 与 G_j 之间的距离为两类最近样品的距离,即 $D_{ij}=\min\limits_{X_i\in G_i,X_j\in G_j} d_{ij}$,设类 G_p 与 G_q 合并成一个新类记为 G_r,则任一类 G_k 与 G_r 的距离是

$$D_{kr}=\min_{X_i\in G_i,X_j\in G_j} d_{ij}=\min\{\min_{X_i\in G_k,X_j\in G_p} d_{ij},\min_{X_i\in G_k,X_j\in G_q} d_{ij}\}=\min\{D_{kp},D_{kq}\}.$$

最短距离法聚类的步骤如下:

(1) 定义样品之间距离,计算样品两两距离,得一距离阵记为 $D_{(0)}$,开始每个样品自成一类,显然这时 $D_{ij}=d_{ij}$.

(2) 找出 $D_{(0)}$ 的非对角线最小元素,设为 D_{pq},则将 G_p 和 G_q 合并成一个新类,记为 G_r,即 $G_r=\{G_p,G_q\}$.

(3) 给出计算新类与其他类的距离公式 $D_{kr}=\min\{D_{kp},D_{kq}\}$,将 $D_{(0)}$ 中第 p,q 行及 p,q 列用上面公式并成一个新行新列,新行新列对应 G_r,所得到的矩阵记

为 $D_{(1)}$.

(4) 对 $D_{(1)}$ 重复上述对 $D_{(0)}$ 的第(2)、(3)两步得 $D_{(2)}$;如此下去,直到所有的元素并成一类为止.

如果某一步 $D_{(k)}$ 中非对角线最小的元素不止一个,则对应这些最小元素的类可以同时合并.

为了便于理解最短距离法的计算步骤,现在举一个最简单的数字例子.

例 设抽取 5 个样品,每个样品只测一个指标,它们是 1,2,3.5,7,9,试用最短距离法对 5 个样品进行分类.

(1) 定义样品间距离采用绝对距离,计算样品两两距离,得距离阵 $D_{(0)}$ 如表 26.1 所示.

表 26.1

	$G_1=\{X_1\}$	$G_2=\{X_2\}$	$G_3=\{X_3\}$	$G_4=\{X_4\}$	$G_5=\{X_5\}$
$G_1=\{X_1\}$	0				
$G_2=\{X_2\}$	1	0			
$G_3=\{X_3\}$	2.5	1.5	0		
$G_4=\{X_4\}$	6	5	3.5	0	
$G_5=\{X_5\}$	8	7	5.5	2	0

(2) 找出 $D_{(0)}$ 中非对角线最小元素是 1,即 $D_{12}=d_{12}=1$,则将 G_1 与 G_2 并成一个新类,记为 $G_6=\{X_1,X_2\}$.

(3) 计算新类 G_6 与其他类的距离,按公式

$$G_{i6} = \min(D_{i1},D_{i2}),\quad i = 3,4,5,$$

即将表 $D_{(0)}$ 的前两列取较小的一列得表 $D_{(1)}$ 如表 26.2 所示.

表 26.2

	G_6	G_3	G_4	G_5
$G_6=\{X_1,X_2\}$	0			
$G_3=\{X_3\}$	1.5	0		
$G_4=\{X_4\}$	5	3.5	0	
$G_5=\{X_5\}$	7	5.5	2	0

(4) 找出 $D_{(1)}$ 中非对角线最小元素是 1.5,则将相应的两类 G_3 和 G_6 合并为 $G_7=\{X_1,X_2,X_3\}$,然后再按公式计算各类与 G_7 的距离,即将 G_3,G_6 相应的两行两列归并一行一列,新的行列由原来的两行(列)中较小的一个组成,计算结果得表 $D_{(2)}$ 如表 26.3 所示.

表 26.3

	G_7	G_4	G_5
$G_7=\{X_1,X_2,X_3\}$	0		
$G_4=\{X_4\}$	3.5	0	
$G_5=\{X_5\}$	5.5	2	0

(5) 找出 $D_{(2)}$ 中非对角线最小元素是 2,则将 G_4 与 G_5 合并成 $G_8=\{X_4,X_5\}$,最后再按公式计算 G_7 与 G_8 的距离,即将 G_4,G_5 相应的两行两列归并成一行一列,新的行列由原来的两行(列)中较小的一个组成,得表 $D_{(3)}$ 如表 26.4 所示.

表 26.4

	G_7	G_8
$G_7=\{X_1,X_2,X_3\}$	0	
$G_8=\{X_4,X_5\}$	3.5	0

最后将 G_7 和 G_8 合并成 G_9.

运用 MATLAB 中基本矩阵的计算方法,通过编程实现聚类算法,具体程序和实现的功能如下:

`[l,r,val] = min1(x,y)`	求矩阵最小值,返回最小值所在行和列以及值的大小.
`y = min2(x1,x2)`	比较两数大小,返回较小值.
`BM = bzh(M)`	用极差标准化法标准化矩阵,返回标准化后的矩阵.
`y = ds1(M)`	用绝对值距离法求距离矩阵.
`y = zdjljl(X)`	应用最短距离聚类法进行聚类分析,返回聚类情况和数据.
`main`	调用各子函数,显示聚类图.

具体程序如下:

```
% 1 min1.m,求矩阵中最小值,并返回行列数及其值
function [v1,v2,v3] = min1(vector); % v1 为行数,v2 为列数,v3 为其值
[v,v2] = min(min(vector'));
[v,v1] = min(min(vector));
v3 = min(min(vector));
% 2 min2.m,比较两数大小,返回较小的值
function v1 = min2(v2,v3);
if v2>v3
   v1 = v3;
```

```
else
   v1 = v2;
end

% 3 bzh.m,用极差标准化法标准化矩阵
function B = bzh(Matrix)
max_Matrix = max(Matrix)        % 对列求最大值
min_Matrix = min(Matrix)
[a,b] = size(Matrix);           % 矩阵大小,a为行数,b为列数
for i = 1:a
   for j = 1:b
      B(i,j) = (Matrix(i,j) - min_Matrix(j))/(max_Matrix(j) - min_
        Matrix(j));
   end
end

% 4 absd.m,用绝对值法求距离
function d = absd(vector);
[a,b] = size(vector);
d = zeros(a);
for i = 1:a
   for j = 1:a
      for k = 1:b
         d(i,j) = d(i,j) + abs(vector(i,k) - vector(j,k));
      end
   end
end
fprintf('绝对值距离矩阵如下:\n');
disp(d)
% 5 zdjljl.m,最短距离聚类法
function y = zdjljl(Matrix);
[a,b] = size(Matrix);
max_Matrix = max(max(Matrix));
for i = 1:a
   for j = i:b
```

```
      Matrix(i,j) = max_Matrix;
    end
  end
  disp(Matrix)
  Z = zeros(b - 1,3);
  for k = 1:(b - 1)
    [c,d] = size(Matrix);
    fprintf('第 %g 次聚类:\n',k);
    [e,f,g] = min1(Matrix);
    fprintf('最小值 = %g,将第 %g 区和第 %g 区并为一类,记作 C%g\n\
      n',g,e,f,c + 1);
    Z(k,1) = e;
    Z(k,2) = f;
    Z(k,3) = g;
    for l = 1:c
      if l<= min2(e,f)
        Matrix(c + 1,l) = min2(Matrix(e,l),Matrix(f,l));
      else
        Matrix(c + 1,l) = min2(Matrix(l,e),Matrix(l,f));
      end
    end
    Matrix(1:c + 1,c + 1) = max_Matrix;
    Matrix(1:c + 1,e) = max_Matrix;
    Matrix(1:c + 1,f) = max_Matrix;
    Matrix(e,1:c + 1) = max_Matrix;
    Matrix(f,1:c + 1) = max_Matrix;
    Matrix
end
y = Z
% 6 主程序,输入数据,输出数据并画图
X = [7.90 39.77 8.49 12.94 19.27 11.05 2.04 13.29;
7.68 50.37 11.35 13.3 19.25 14.59 2.75 14.87;
9.42 27.93 8.20 8.14 16.17 9.42 1.55 9.76;
9.16 27.98 9.01 9.32 15.99 9.10 1.82 11.35;
10.06 28.64 10.52 10.05 16.18 8.39 1.96 10.81];
```

```
fprintf('标准化结果如下：\n')
v1 = bzh(X);
v2 = absd(v1);
Z = zdjljl(v2);
[H,T] = dendrogram(Z)
```

三、实验内容

表 26.5 是全国 27 个地区或城市的 5 个指标值，试对这些地区或城市进行聚类分析.

表 26.5

省、自治区	首位城市规模/万人	城市首位度	四城市指数	基尼系数	城市规模中位值/万人
京津冀	699.70	1.4371	0.9364	0.7804	10.880
山西	179.46	1.8982	1.0006	0.5870	11.780
内蒙古	111.13	1.4180	0.6772	0.5158	17.775
辽宁	389.60	1.9182	0.8541	0.5762	26.320
吉林	211.34	1.7880	1.0798	0.4569	19.705
黑龙江	259.00	2.3059	0.3417	0.5076	23.480
苏沪	923.19	3.7350	2.0572	0.6208	22.160
浙江	139.29	1.8712	0.8858	0.4536	12.670
安徽	102.78	1.2333	0.5326	0.3798	27.375
福建	108.50	1.7291	0.9325	0.4687	11.120
江西	129.20	3.2454	1.1935	0.4519	17.080
山东	173.35	1.0018	0.4296	0.4503	21.215
河南	151.54	1.4927	0.6775	0.4738	13.940
湖北	434.46	7.1328	2.4413	0.5282	19.190
湖南	139.29	2.3501	0.8360	0.4890	14.250
广东	336.54	3.5407	1.3863	0.4020	22.195
广西	96.12	1.2288	0.6382	0.5000	14.340
海南	45.43	2.1915	0.8648	0.4136	8.730
川渝	365.01	1.6801	1.1486	0.5720	18.615
云南	146.00	6.6333	2.3785	0.5359	12.250
贵州	136.22	2.8279	1.2918	0.5984	10.470
西藏	11.79	4.1514	1.1798	0.6118	7.315
陕西	244.04	5.1194	1.9682	0.6287	17.800
甘肃	145.49	4.7515	1.9366	0.5806	11.650
青海	61.36	8.2695	0.8598	0.8098	7.420
宁夏	47.60	1.5078	0.9587	0.4843	9.730
新疆	128.67	3.8535	1.6216	0.4901	14.470

实验 27　聚类分析的 MATLAB 实现

一、实验目的

掌握利用 MATLAB 软件对实验数据进行聚类分析的基本方法.

二、相关知识

聚类分析是研究(样品或指标)分类问题的一种多元统计方法,这里的类是指相似元素的集合.本实验采用直接调用 MATLAB 函数实现聚类分析.

1. 层次聚类法的计算步骤

层次聚类法(hierarchical clustering)的计算步骤如下(聚类可以有多种方法):

(1) 计算 n 个样本两两间的距离$\{d_{ij}\}$,记 D;

(2) 构造 n 个类,每个类只包含一个样本;

(3) 合并距离最近的两类为一新类;

(4) 计算新类与当前各类的距离;若类的个数等于 1,转到(5);否则回(3);

(5) 画聚类图;

(6) 决定类的个数和类.

2. MATLAB 软件中与聚类相关的主要函数和功能

如表 27.1 所示.

表 27.1

clusterdata	从数据集合(x)中创建聚类
cluster	从连接输出(linkage)中创建聚类
linkage	连接数据集中的目标为二元群的层次树
pdist	计算数据集合中两两元素间的距离(向量)
dendrogram	画系统树状图
squareform	将距离的输出向量形式定格为矩阵形式
zscore	对数据矩阵 X 进行标准化处理

3. 主要函数的用法和参数解释

1) T＝clusterdata(X,cutoff)

X 为数据矩阵,cutoff 是创建聚类的临界值,即表示欲分成几类.等价于以下几句命令:

```
Y = pdist(X,'euclid')
Z = linkage(Y,'single')
T = cluster(Z,cutoff)
```

以上三个函数的组合使用,可以自由选择聚类的方法.

2) T=cluster(Z,cutoff)

从逐级聚类树中构造聚类,其中 Z 是由语句 likage 产生的$(n-1)\times 3$阶矩阵,cutoff 是创建聚类的临界值.

3) Z=linkage(Y)或 Z=linkage(Y,'method')

创建逐级聚类树,其中 Y 是由语句 pdist 产生的具有$n(n-1)/2$个分量的向量,'method'表示用何方法,默认值是欧氏距离(single). 有'complete'——最长距离法;'average'——类平均距离;'centroid'——重心法;'ward'——递增平方和等.

4) Y=pdist(X)或 Y=pdist(X,'metric')

计算数据集 X 中两两元素间的距离,'metric'表示使用特定的方法,有欧氏距离'euclid',标准欧氏距离'SEuclid',马氏距离'mahal',闵可夫斯基距离'Minkowski'等.

5) H=dendrogram(Z)或 H=dendrogram(Z,p)

由 likage 产生的数据矩阵 Z 画聚类树状图. p 是结点数,默认值是 30.

4. 实例

设某地区有 8 个观测点,测得 5 个指标的数据如表 27.2 所示.

表 27.2

	观测点 1	观测点 2	观测点 3	观测点 4	观测点 5	观测点 6	观测点 7	观测点 8
指标 1	7.90	39.77	8.49	12.94	19.27	11.05	2.04	13.29
指标 2	7.68	50.37	11.35	13.3	19.25	14.59	2.75	14.87
指标 3	9.42	27.93	8.20	8.14	16.17	9.42	1.55	9.76
指标 4	9.16	27.98	9.01	9.32	15.99	9.10	1.82	11.35
指标 5	10.06	28.64	10.52	10.05	16.18	8.39	1.96	10.81

根据最短距离法聚类分析.

```
%最短距离法系统聚类分析
X = [7.90 39.77 8.49 12.94 19.27 11.05 2.04 13.29;
7.68 50.37 11.35 13.3 19.25 14.59 2.75 14.87;
9.42 27.93 8.20 8.14 16.17 9.42 1.55 9.76;
9.16 27.98 9.01 9.32 15.99 9.10 1.82 11.35;
10.06 28.64 10.52 10.05 16.18 8.39 1.96 10.81];
BX = zscore(X);             % 标准化数据矩阵
```

```
Y = pdist(X)              % 用欧氏距离计算两两之间的距离
D = squareform(Y)         % 欧氏距离矩阵
Z = linkage(Y)            % 最短距离法
T = cluster(Z,3)          % 等价于 { T = clusterdata(X,3)}
find(T == 3)              % 第 3 类集合中的元素
[H,T] = dendrogram(Z)     % 画聚类图
```

三、实验内容

1. 根据 24 例样品测得的 12 个指标(表 27.3),试将样品归类(摘自方积乾等《医学统计学与电脑试验》).

表 27.3

样品号	X1	X2	X3	X4	X5	X6	X7	X8	X9	X10	X11	X12
1	0.12	25.42	0.00	7.72	0.00	0.00	0.00	29.06	25.92	0.00	11.76	0.00
2	0.09	7.30	0.00	5.04	0.00	0.00	0.00	24.65	22.54	0.00	39.58	0.00
3	0.02	4.94	0.00	4.02	0.00	0.00	0.00	27.12	23.38	1.82	38.52	0.00
4	0.02	7.52	0.03	3.76	0.00	0.03	0.00	15.02	19.20	2.54	51.97	0.00
5	0.03	29.13	0.00	9.06	0.00	0.00	0.00	14.31	10.99	3.19	34.02	0.00
6	1.19	23.79	0.00	8.16	0.00	0.00	0.00	21.03	37.64	0.00	8.26	0.00
7	0.03	12.39	1.66	4.17	0.00	0.02	0.00	20.70	19.11	1.34	41.05	0.00
8	0.21	12.58	0.02	5.37	0.00	0.00	0.00	20.34	30.11	3.00	28.29	0.00
9	0.14	5.59	0.12	3.17	0.00	0.06	0.00	20.05	42.30	5.43	22.97	0.00
10	0.00	4.15	0.00	36.32	21.15	0.00	0.00	0.00	36.06	0.00	0.00	0.00
11	0.00	5.33	0.00	37.84	8.59	0.00	0.00	0.00	48.25	0.00	0.00	0.00
12	0.00	9.96	0.00	37.96	20.18	0.00	0.00	0.00	25.30	3.35	0.00	0.00
13	0.00	10.45	0.00	45.65	6.21	0.00	0.00	0.00	22.02	0.00	15.67	0.00
14	0.00	1.62	0.00	41.36	16.27	0.00	0.00	0.00	30.65	4.65	15.45	0.00
15	0.00	5.76	0.75	34.52	7.14	0.00	0.00	0.00	31.75	0.00	19.93	0.00
16	0.00	12.93	0.00	46.53	5.41	0.00	0.00	0.00	20.39	0.00	14.72	0.00
17	0.00	15.68	0.00	34.77	19.85	0.00	0.00	0.00	17.52	0.00	7.72	0.00
18	0.00	7.60	0.00	35.88	21.46	0.00	0.00	0.00	29.70	5.34	0.00	0.00
19	0.00	7.23	0.00	41.78	5.51	0.00	0.00	0.00	27.83	0.00	17.67	0.00
20	0.00	1.87	0.00	35.13	1.91	0.00	0.00	0.00	51.89	0.00	9.30	0.00
21	0.41	3.34	0.21	33.59	11.45	0.00	14.79	0.23	26.31	0.00	9.35	0.30
22	2.26	2.23	1.66	27.81	15.64	0.00	11.71	1.77	17.69	0.00	17.92	1.31
23	4.49	4.50	0.20	31.62	15.44	0.00	12.44	5.89	17.96	0.00	6.64	0.83
24	3.85	6.76	0.19	38.95	10.10	0.00	12.24	2.47	18.95	0.00	6.40	0.10

2. 完成实验报告.

实验 28　参数估计的 MATLAB 实现(一)

一、实验目的

掌握利用 MATLAB 软件对实验数据进行参数估计的基本方法.

二、相关知识

参数估计是总体分布的数学形式已知,且可以用有限个参数表示的估计问题.参数估计可以分为点估计和区间估计两个子问题.本实验讨论点估计问题.

设 θ 为总体 X 分布函数中的未知参数或总体的某些未知的数字特征,$(X_1, X_2, \cdots, X_n)$ 是来自 X 的一个样本,$(x_1, x_2, \cdots, x_n)$ 是相应的一个样本值,点估计问题就是构造一个适当的统计量 $\hat{\theta}(X_1, X_2, \cdots, X_n)$,用其观察值 $\hat{\theta}(x_1, x_2, \cdots, x_n)$ 作为未知参数 θ 的近似值,称 $\hat{\theta}(X_1, X_2, \cdots, X_n)$ 为参数 θ 的点估计量,$\hat{\theta}(x_1, x_2, \cdots, x_n)$ 为参数 θ 的点估计值,在不至于混淆的情况下,统称为点估计.由于估计量是样本的函数,因此对于不同的样本值,θ 的估计值是不同的.

点估计量的求解方法很多,这里介绍矩估计法和极大似然估计法.

1. 矩估计法

1) 基本思想

矩估计法是一种古老的估计方法.矩是描写随机变量的最简单的数字特征.样本来自于总体,从前面可以看到样本矩在一定程度上反映了总体矩的特征,且在样本容量 n 增大的条件下,样本的 k 阶原点矩 $A_k = \dfrac{1}{n}\sum_{i=1}^{n} X_i^k$ 以概率收敛到总体 X 的 k 阶原点矩 $m_k = E(X^k)$,即 $A_k \xrightarrow{p} m_k \ (n \to \infty)$,$k=1,2,\cdots$,因而可以用样本矩作为总体矩的估计.

2) 具体做法

假设 $\theta = (\theta_1, \theta_2, \cdots, \theta_k)$ 为总体 X 的待估参数,$(X_1, X_2, \cdots, X_n)$ 是来自 X 的一个样本,令 $A_l = \dfrac{1}{n}\sum_{i=1}^{n} X_i^l = m_l = EX^l$, $l=1,2,\cdots,k$,得到包含 k 个未知数 θ_1, $\theta_2, \cdots, \theta_k$ 的方程组,从中解出 $\theta = (\theta_1, \theta_2, \cdots, \theta_k)$ 的一组解 $\hat{\theta} = (\hat{\theta}_1, \hat{\theta}_2, \cdots, \hat{\theta}_k)$,然后用这个方程组的解 $\hat{\theta}_1, \hat{\theta}_2, \cdots, \hat{\theta}_k$ 分别作为 $\theta_1, \theta_2, \cdots, \theta_k$ 的估计量,这种估计量称为矩估计量,矩估计量的观察值称为矩估计值,该方法称为矩估计法.

例 1　设总体 X 的均值 μ 及方差 σ^2 都存在但均未知，且有 $\sigma^2>0$，又设 $(X_1,X_2,\cdots,X_n)$ 是来自总体 X 的一个样本，试求 μ,σ^2 的矩估计量.

解　因为 $\begin{cases} m_1=E(X)=\mu, \\ m_2=E(X^2)=D(X)+[E(X)]^2=\sigma^2+\mu^2, \end{cases}$ 令 $\begin{cases} \mu=A_1, \\ \sigma^2+\mu^2=A_2, \end{cases}$ 则

$$\begin{cases} \mu=A_1, \\ \sigma^2=A_2-A_1^2, \end{cases}$$

所以得

$$\begin{cases} \hat{\mu}=\overline{X}, \\ \hat{\sigma}^2=\dfrac{1}{n}\sum_{i=1}^{n}(X_i^2)-\overline{X}^2=\dfrac{1}{n}\sum_{i=1}^{n}(X_i-\overline{X})^2, \end{cases}$$

这里，总体均值是用样本均值来估计的.

3) MATLAB 实现

现在假设 $X=[2.3,2.5,2.6,3.4,3.2,2.2,3.4,4.3,4.3]$，求 μ,σ^2 的矩估计量.

```
% xbar.m
function y = xbar(X)
n = length(X);
y = sum(X);
y = y./n;

% sigma2.m
function y = sigma2(X)
Y = X - xbar(X);
Y2 = Y.*Y;
n = length(X);
y = sum(Y2);
y = y./n;

% main.m
X = [2.3,2.5,2.6,3.4,3.2,2.2,3.4,4.3,4.3];
mu = xbar(X)
sig = sigma2(X)
```

2. 极大似然估计法

1) 基本思想

设总体 X 的分布律为 $P\{X=x\}=p(x;\theta)$，或密度函数为 $f(x_i;\theta)$，其中，$\theta=$

$(\theta_1,\theta_2,\cdots,\theta_k)$为待估参数. $(X_1,X_2,\cdots,X_n)$是来自总体 X 的一个样本,$(x_1,x_2,\cdots,x_n)$是样本值. 易知,样本$(X_1,X_2,\cdots,X_n)$取到观测值$(x_1,x_2,\cdots,x_n)$的概率为

$$p = P\{X_1 = x_1, X_2 = x_2, \cdots, X_n = x_n\} = \prod_{i=1}^{n} p(x_i;\theta)$$

或样本$(X_1,X_2,\cdots,X_n)$落在点$(x_1,x_2,\cdots,x_n)$的邻域(边长分别为 $dx_1,dx_2,\cdots,dx_n$ 的 n 维立方体)内的概率近似地为 $p \approx \prod_{i=1}^{n} f(x_i;\theta)dx_i$ (微分中值定理),令

$$L(\theta) = L(x_1,x_2,\cdots,x_n) = \prod_{i=1}^{n} p(x_i;\theta)$$

或

$$L(\theta) = L(x_1,x_2,\cdots,x_n) = \prod_{i=1}^{n} f(x_i;\theta),$$

则概率 p 随 θ 的取值变化而变化,它是 θ 的函数,称 $L(\theta)$为样本的似然函数(这里的 $x_1,x_2,\cdots,x_n$ 是已知的样本值,它们都是常数). 如果已知当 $\theta=\theta_0$ 时使$L(\theta)$取极大值,自然认为 θ_0 作为未知参数 θ 的估计是较为合理的.

极大似然方法就是固定样本观测值$(x_1,x_2,\cdots,x_n)$,在 θ 取值的可能范围 Θ 内,挑选使似然函数 $L(x_1,x_2,\cdots,x_n;\theta)$达到极大(从而概率 p 达到极大)的参数值 $\hat{\theta}$ 作为参数 θ 的估计值,即 $L(x_1,x_2,\cdots,x_n;\hat{\theta})=\max\limits_{\theta\in\Theta}L(x_1,x_2,\cdots,x_n;\theta)$,这样得到的 $\hat{\theta}$ 与样本值$(x_1,x_2,\cdots,x_n)$有关,常记为 $\hat{\theta}(x_1,x_2,\cdots,x_n)$,称之为参数 θ 的极大似然估计值,而相应的统计量 $\hat{\theta}(X_1,X_2,\cdots X_n)$称为参数 θ 的极大似然估计量. 这样将原来求参数 θ 的极大似然估计值问题就转化为求似然函数 $L(\theta)$的极大值问题了.

2) 具体做法

(1) 在很多情况下,$p(x;\theta)$和 $f(x;\theta)$关于 θ 可微,因此据似然函数的特点,常把它变为如下形式: $\ln L(\theta) = \sum\limits_{i=1}^{n} \ln f(x_i;\theta)$(或$\sum\limits_{i=1}^{n} \ln p(x_i;\theta)$),该式称为对数似然函数. 易知,$L(\theta)$与 $\ln L(\theta)$的极大值点相同,令$\dfrac{\partial \ln L(\theta)}{\partial \theta_i}=0, i=1,2,\cdots,k$,可解得 $\theta=\theta(x_1,x_2,\cdots,x_n)$,从而可得参数 θ 的极大似然估计量为

$$\hat{\theta} = \hat{\theta}(X_1,X_2,\cdots,X_n).$$

(2) 若 $p(x;\theta)$和 $f(x;\theta)$关于 θ 不可微时,需另寻方法.

例 2 设 $X\sim B(1,p)$,p 为未知参数,$(x_1,x_2,\cdots,x_n)$是一个样本值,求参数 p 的极大似然估计.

解　因为总体 X 的分布律为 $P\{X=x\}=p^x(1-p)^{1-x}, x=0,1$,故似然函数为

$$L(p)=\prod_{i=1}^{n}p^{x_i}(1-p)^{1-x_i}=p^{\sum\limits_{i=1}^{n}x_i}(1-p)^{n-\sum\limits_{i=1}^{n}x_i},\quad x_i=0,1,\quad i=1,2,\cdots n,$$

而 $\ln L(p)=\left(\sum\limits_{i=1}^{n}x_i\right)\ln p+\left(n-\sum\limits_{i=1}^{n}x_i\right)\ln(1-p)$,令

$$[\ln L(p)]'=\frac{\sum\limits_{i=1}^{n}x_i}{p}+\frac{\left(n-\sum\limits_{i=1}^{n}x_i\right)}{p-1}=0,$$

解得 p 的极大似然估计 $\hat{p}=\frac{1}{n}\sum\limits_{i=1}^{n}x_i=\bar{x}$,所以 p 的极大似然估计量为 $\hat{p}=\frac{1}{n}\sum\limits_{i=1}^{n}X_i=\overline{X}$.

例 3　设 $X\sim N(\mu,\sigma^2)$,μ,σ^2 未知,$(X_1,X_2,\cdots,X_n)$为 X 的一个样本,$(x_1,x_2,\cdots,x_n)$是$(X_1,X_2,\cdots,X_n)$的一个样本值,求 μ,σ^2 的极大似然估计值及相应的估计量.

解　因为 $X\sim f(x;\mu,\sigma)=\frac{1}{\sqrt{2\pi}\sigma}\mathrm{e}^{-\frac{(x-\mu)^2}{2\sigma^2}}$,$x\in\mathbf{R}$,所以似然函数为

$$L(\mu,\sigma^2)=\prod_{i=1}^{n}\frac{1}{\sqrt{2\pi}\sigma}\mathrm{e}^{-\frac{(x_i-\mu)^2}{2\sigma^2}}=(2\pi\sigma^2)^{-\frac{n}{2}}\mathrm{e}^{-\frac{1}{2\sigma^2}\sum\limits_{i=1}^{n}(x_i-\mu)^2},$$

取对数 $\ln L(\mu,\sigma^2)=-\frac{n}{2}(\ln 2\pi+\ln\sigma^2)-\frac{1}{2\sigma^2}\sum\limits_{i=1}^{n}(x_i-\mu)^2$,分别对 μ,σ^2 求导数

$$\begin{cases}\dfrac{\partial}{\partial\mu}(\ln L)=\dfrac{1}{\sigma^2}\sum\limits_{i=1}^{n}(x_i-\mu)=0, & (28.1)\\[2ex] \dfrac{\partial}{\partial\sigma^2}(\ln L)=-\dfrac{n}{2\sigma^2}+\dfrac{1}{2\sigma^4}\sum\limits_{i=1}^{n}(x_i-\mu)^2=0, & (28.2)\end{cases}$$

由(28.1)得 $\mu=\frac{1}{n}\sum\limits_{i=1}^{n}x_i=\bar{x}$,代入(28.2)得 $\sigma^2=\frac{1}{n}\sum\limits_{i=1}^{n}(x_i-\mu)^2=\frac{1}{n}\sum\limits_{i=1}^{n}(x_i-\bar{x})^2$,

所以 μ,σ^2 的极大似然估计值分别为 $\hat{\mu}=\frac{1}{n}\sum\limits_{i=1}^{n}x_i=\bar{x}$;$\hat{\sigma}^2=\frac{1}{n}\sum\limits_{i=1}^{n}(x_i-\bar{x})^2$,μ,σ^2 的极大似然估计量分别为 $\hat{\mu}=\frac{1}{n}\sum\limits_{i=1}^{n}X_i=\overline{X}$,$\hat{\sigma}^2=\frac{1}{n}\sum\limits_{i=1}^{n}(X_i-\overline{X})^2$.

3) MATLAB 实现

对于例 2,由于极大似然估计值就是样本均值,因此用前面定义的函数 xbar.m 就可进行计算,对于例 3,μ,σ^2 的估计值用例 1 的程序就可以实现.

三、实验内容

1. 设 $X \sim B(1,p)$，p 为未知参数，求参数 p 的极大似然估计. 一个样本值为 (2.3,4.0,5.4,3.4,4.3,3.4,2.8,4.5,4.3,4.2,3.8,3.7,3.2,3.6,3.5,3.4).

2. 设 $X \sim N(\mu,\sigma^2)$，μ,σ^2 未知，$(X_1,X_2,\cdots,X_n)$ 为 X 的一个样本，

(3.2,3.3,3.4,3.6,3.7,3.8,4.1,4.0,4.2,3.9,3.1,3.0,3.3,3.2,3.2)

是 $(X_1,X_2,\cdots,X_n)$ 的一个样本值，求 μ,σ^2 的极大似然估计值及相应的估计量.

3. 完成实验报告.

实验 29　参数估计的 MATLAB 实现(二)

一、实验目的

掌握利用 MATLAB 软件中有关参数估计和置信区间确定的方法.

二、相关知识

在实验 28 中学习了有关参数估计的原理和具体的计算方法,但在具体实现之前,需要先推导计算公式,而相关的计算功能在 MATLAB 软件中已经全部集成,并且对各种常用分布均可计算,因此有必要学习有关函数的使用方法.

1) betafit

功能:β 分布数据的参数估计和置信区间计算;

格式:phat=betafit(X)或[phat,pci]=betafit(X,alpha),其中,X 为服从 β 分布的数据样本,phat=[a,b]为 β 分布的参数的极大似然估计值,pci 为相应的 100(1−alpha)%置信区间.如果 alpha 缺省,则表示 alpha=0.05.

例 1　利用 MATLAB 生成服从 β 分布的数据样本并估计参数和置信区间.

```
data = betarnd(4,3,100,1);       % 利用 MATLAB 生成 100 个数据,alpha
                                   = 4,beta = 3;
[p,ci] = betafit(data,0.01)      % 估计参数和置信区间;
p = 3.9010   2.6193              计算结果,alpha = 3.9010,beta =
                                   2.6193;
ci = 2.5244   1.7488             alpha 的置信区间为[2.5244,5.2776];
     5.2776   3.4898             beta 的置信区间为[1.7488,3.4898].
```

2) binofit

功能:二项分布数据的参数估计和置信区间;

格式:phat=binofit(X,n)对于给定的服从二项分布的数据向量 X,返回成功概率的估计.

[phat,pci]=binofit(X,n,alpha)给出最大似然估计和 100(1−alpha)%置信区间;alpha 的默认值为 0.05.

例 2　利用 MATLAB 生成服从二项分布的数据样本并估计参数和置信区间.

```
r = binornd(100,0.6);            % 利用 MATLAB 生成 100 个数据,p = 0.6;
```

```
[phat,pci] = binofit(r,100)     % 估计参数和置信区间;
phat = 0.5800                   计算结果,phat = 0.5800;
pci = 0.4771   0.6780           置信区间为[0.4771,0.6780].
```

3) expfit

功能:指数数据参数估计和置信区间;

格式:parmhat=expfit(X)返回位置参数 μ 的最大似然估计,如果 X 为矩阵,则给出 X 每列的参数估计.

[parmhat,parmci]=expfit(X)给出参数估计的 95%置信区间;

[parmhat,parmci]=expfit(X,alpha)给出参数估计的 100(1−alpha)%置信区间.

例 3 利用 MATLAB 生成服从指数分布的数据样本并估计参数和置信区间.

```
data = exprnd(3,100,1);         % 利用 MATLAB 生成 100 个数据,mu = 3;
[parmhat,parmci] = expfit
(data,0.01)                     % 估计参数和置信区间;
parmhat = 2.7292                计算结果,mu = 2.7292;
parmci = 2.1384   3.5854        置信区间为[2.1384,3.5854]
```

4) gamfit

功能:Γ 分布数据的参数估计和置信区间;

格式:parmhat= gamfit(X),给出 Γ 分布的最大似然估计,parmhat(1)和 parmhat(2)分别表示形状参数和尺度参数.

[parmhat,parmci]=gamfit(X)给出 95%置信区间;

[parmhat,parmci]=gamfit(X,alpha)给出 100(1−alpha)%置信区间.

例 4 利用 MATLAB 生成服从 Γ 分布的数据样本并估计参数和置信区间.

```
a = 2; b = 4;                   % 确定参数
data = gamrnd(a,b,100,1);       % 利用 MATLAB 生成 100 个数据
[p,ci] = gamfit(data)           % 估计参数和置信区间;
p = 2.1990   3.7426             计算结果,a = 2.1990,b = 3.7426
ci = 1.6840   2.8298            a 的置信区间为[1.6840,2.7141]
     2.7141   4.6554            b 的置信区间为[2.8298,4.6554]
```

5) normfit

功能:正态分布数据参数估计和置信区间;

格式:[muhat,sigmahat]=normfit(X)给出正态分布样本数据 X 的参数估计和置信区间,muhat 是均值的估计,sigmahat 是标准差的估计.

[muhat,sigmahat,muci,sigmaci]=normfit(X)给出参数的 95%置信区间;

[muhat,sigmahat,muci,sigmaci]=normfit(X,alpha)给出参数的 100(1－alpha)%置信区间.

例 5　利用 MATLAB 生成服从正态分布的数据样本并估计参数和置信区间.

```
data = normrnd(10,2,100,2);          % 利用 MATLAB 生成两组各 100 个
                                     % 数据,mu = 10,sigma = 2
[mu,sigma,muci,sigmaci] = normfit(data)
                                     % 估计参数和置信区间;
mu = 10.1455   10.0527               mu1 = 10.1455 mu2 = 10.0527
sigma = 1.9072   2.1256              sigma1 = 1.9072,sigma2 = 2.1256
muci = 9.7652   9.6288               mu1 的置信区间[9.7652,10.5258]
       10.5258   10.4766             mu2 的置信区间[9.6288,10.4766]
sigmaci = 1.6745   1.8663            sigma1 的置信区间[1.6745,2.2155]
          2.2155   2.4693            sigma2 的置信区间[1.8663,2.4693]
```

(左边是系统返回的结果,右边是解释.)

6) poissfit

功能:泊松分布数据的参数估计和置信区间;

格式:poissfit(X)给出泊松分布样本数据 X 的参数估计;

[lambdahat,lambdaci] = poissfit(X,alpha)给出极大似然估计和 100(1－alpha)%置信区间,alpha 的缺省值为 0.05.

例 6　利用 MATLAB 生成服从泊松分布的数据样本并估计参数和置信区间.

```
r = poissrnd(5,10,2);        % 利用 MATLAB 生成两组各 10 个数据,lamda
                               = 5
[l,lci] = poissfit(r)        % 估计参数和置信区间;
l = 7.4000   6.3000          计算结果,lamda 分别为 7.4 和 6.3
lci = 5.8000   4.8000        置信区间分别为[5.8000,9.1000]和
                               [4.8000,7.9000]
      9.1000   7.9000
```

7) unifit

功能:均匀分布数据参数估计;

格式:unifit(X,alpha)给出均匀分布样本数据 X 参数的极大似然估计;

[ahat,bhat,aci,bci]=unifit(X,alpha)给出泊松分布样本数据 X 的参数估计和 100(1－alpha)%置信区间,alpha 可选,缺省时 alpha=0.05 即为 95%置信区间.

例 7　利用 MATLAB 生成服从均匀分布的数据样本并估计参数和置信区间.

```
r = unifrnd(10,12,100,2);            % 利用 MATLAB 生成两组各 100 个数
                                       据,a = 10,b = 12
[ahat,bhat,aci,bci] = unifit(r)      % 估计参数和置信区间;
ahat = 10.0154   10.0060             计算结果,a1 = 10.0154,a2 = 10.0060
bhat = 11.9989   11.9743                      b1 = 11.9989,b2 = 11.9743
aci = 9.9551   9.9461                置信区间 a1:[9.9551,10.0154]
      10.0154   10.0060                       a2:[9.9461,10.0060]
bci = 11.9989   11.9743                       b1:[11.9989,12.0592]
      12.0592   12.0341                       b2:[11.9743,12.0341]
```

8) wblfit

功能:韦布尔分布样本数据的参数估计和置信区间;

格式:weibfit(data,alpha)给出韦布尔分布样本数据 data 的参数的极大似然估计;

[phat,pci]=weibfit(data,alpha)同时给出参数估计和 100(1-alpha)%置信区间,参数 alpha 为可选,缺省时取值 0.05 即为 95%置信区间.

例 8　利用 MATLAB 生成服从韦布尔分布的数据样本并估计参数和置信区间.

```
data = wblrnd(0.5,0.8,100,1);        % 利用 MATLAB 生成 100 个数据,
                                       a = 0.5,b = 0.8
[parmhat,parmci] = wblfit(data)      % 估计参数和置信区间;
parmhat = 0.5861   0.8567            计算结果:a = 0.5861,b = 0.8567
parmci = 0.4606   0.7360             置信区间:a:[0.4606,0.7459]
         0.7459   0.9973                        b:[0.7360,0.9973]
```

三、实验内容

1. 分别对 β 分布(取 alpha=3,beta=2)、二项分布(取 p=0.7)、指数分布(取 mu=4)、Γ 分布(取 a=3,b=5)、正态分布(取 mu=5,sigma=3)利用 MATLAB 的随机数生成函数生成样本数据,并对样本数据进行参数估计和置信区间计算.

2. 完成实验报告.

实验 30　用 MATLAB 求解线性规划问题

一、实验目的

了解 MATLAB 的优化工具箱，能利用 MATLAB 求解线性规划问题.

二、相关知识

线性规划是运筹学中研究得比较早，理论上已趋于成熟，在方法上非常有效，并且应用广泛的一个重要分支.

线性规划的数学模型有各种不同的形式，其一般形式可以写为：

目标函数为 $\min z = f_1x_1 + f_2x_2 + \cdots + f_nx_n$，约束条件为

$$\begin{cases} a_{11}x_1 + a_{12}x_2 + \cdots + a_{1n}x_n \leqslant b_1, \\ \quad\cdots\cdots \\ a_{s1}x_1 + a_{s2}x_2 + \cdots + a_{sn}x_n \leqslant b_s, \\ c_{11}x_1 + c_{12}x_2 + \cdots + c_{1n}x_n = d_1, \\ \quad\cdots\cdots \\ c_{t1}x_1 + c_{t2}x_2 + \cdots + c_{tn}x_n = d_s, \\ x_1, x_2, \cdots, x_n \geqslant 0, \end{cases}$$

这里，$z = f_1x_1 + f_2x_2 + \cdots + f_nx_n$ 称为目标函数，f_j 称为价值系数，$f = (f_1, f_2, \cdots, f_n)^{\mathrm{T}}$ 称为价值向量，x_j 为求解的变量，由系数 a_{ij} 组成的矩阵

$$A = \begin{bmatrix} a_{11} & \cdots & a_{1n} \\ \vdots & & \vdots \\ a_{m1} & \cdots & a_{mn} \end{bmatrix}$$

称为不等式约束矩阵，由系数 c_{ij} 组成的矩阵

$$C = \begin{bmatrix} c_{11} & \cdots & c_{1n} \\ \vdots & & \vdots \\ c_{s1} & \cdots & c_{sn} \end{bmatrix}$$

称为等式约束矩阵，列向量 $b = (b_1, b_2, \cdots, b_n)^{\mathrm{T}}$ 和 $d = (d_1, d_2, \cdots, d_n)^{\mathrm{T}}$ 为右端向量，条件 $x_j \geqslant 0$ 称为非负约束. 一个向量 $x = (x_1, x_2, \cdots, x_n)^{\mathrm{T}}$ 满足约束条件，称为可行解或可行点，所有可行点的集合称为可行区域，达到目标函数值最大的可行解称为该线性规划的最优解，相应的目标函数值称为最优目标函数值，简称最优值.

求解线性规划问题已有一些成熟的方法，这里介绍利用 MATLAB 来进行线性规划问题的求解.

在 MATLAB 中有一个专门的函数 linprog()来解决这类问题，已经知道，极值有最大和最小两种，但求 z 的极大就是求 $-z$ 的极小，因此在 MATLAB 中以求极小为标准形式，函数 linprog()的具体格式如下：

```
X = linprog(f,A,b)
[X ,fval,exitflag,ouyput,lamnda] = linprog(f,A,b,Aeq,Beq,LB,UB,
    X0,options)
```

这里，X 是问题的解向量，f 是由目标函数的系数构成的向量，A 是一个矩阵，b 是一个向量，A，b 和变量 x=$\{x_1,x_2,\cdots,x_n\}$一起，表示了线性规划中不等式约束条件，A，b 是系数矩阵和右端向量. Aeq 和 Beq 表示了线性规划中等式约束条件中的系数矩阵和右端向量. LB 和 UB 是约束变量的下界和上界向量，X0 是给定的变量的初始值，options 为控制规划过程的参数系列. 返回值中 fval 是优化结束后得到的目标函数值. exitflag=0 表示优化结果已经超过了函数的估计值或者已声明的最大迭代次数；exitflag>0 表示优化过程中变量收敛于解 X，exitflag<0 表示不收敛. output 有 3 个分量，iterations 表示优化过程的迭代次数，cgiterations 表示 PCG 迭代次数，algorithm 表示优化所采用的运算规则. lambda 有 4 个分量，ineqlin 是线性不等式约束条件，eqlin 是线性等式约束条件，upper 是变量的上界约束条件，lower 是变量的下界约束条件. 它们的返回值分别表示相应的约束条件在约束条件在优化过程中是否有效.

例 1 某工厂生产 A，B 两种产品，所用原料均为甲、乙、丙三种，生产一件产品所需原料和所获利润以及库存原料情况如表 30.1 所示.

表 30.1

	原料甲/kg	原料乙/kg	原料丙/kg	利润/元
产品 A	8	4	4	7000
产品 B	6	8	6	10000
库存原料量	380	300	220	

在该厂只有表 30.1 中所列库存原料的情况下，如何安排 A，B 两种产品的生产数量可以获得最大利润？

设生产 A 产品 x_1 件，生产 B 产品 x_2 件，z 为所获利润，将问题归结为如下的线性规划问题：

$$\min\{-(7000x_1+10000x_2)\}$$

$$\text{s. t.}\begin{cases}8x_1+6x_2\leqslant 380,\\4x_1+8x_2\leqslant 300,\\4x_1+6x_2\leqslant 220.\end{cases}$$

接着写出 MATLAB 程序如下：

```
clear
f = -[7000,10000];
A = [8,6;4,8;4,6];
b = [380,300,220];
[X,fval] = linprog(f,A,b)
```

运行结果为

```
>>Optimization terminated successfully.
X = 40.0000
    10.0000
fval = -3.8000e+005
```

例 2 求解下面的线性规划问题：

$$\min\{-5x_1-4x_2-6x_3\}$$

$$\text{s. t.}\begin{cases}x_1-x_2+x_3\leqslant 20,\\3x_1+2x_2+4x_3\leqslant 42,\\3x_1+2x_2\leqslant 30,\\0\leqslant x_1,\quad 0\leqslant x_2,\quad 0\leqslant x_3.\end{cases}$$

解 解决上述问题的 MATLAB 程序为

```
clear
f = -[5,4,6];
A = [1,-2,1;3,2,4;3,2,0];
b = [20,42,30];
LB = [0;0;0];
[X,fval,exitflag,output,lambda] = linprog(f,A,b,[],[],LB)
```

程序运行的结果为

```
Optimization terminated successfully.
X = 0.0000
    15.0000
    3.0000
fval = -78.0000
exitflag = 1
output = iterations: 6
         cgiterations: 0
         algorithm: 'lipsol'
lambda = ineqlin: [3x1 double]
```

```
eqlin: [0x1 double]
upper: [3x1 double]
lower: [3x1 double]
```

在使用 linprog()命令时,系统默认它的参数至少为 3 个,但如果需要给定第 5 个参数,则第 4 个参数也必须给出,否则系统无法认定给出的是第 5 个参数. 遇到无法给出时,则用空矩阵“[]”替代.

三、实验内容

1. 求解线性规划问题

$$\min f(x) = 3x_1 + 2x_2 - 8x_3 + 5x_4$$

$$\text{s.t.} \begin{cases} x_1 + 8x_2 + x_3 - x_4 = -2, \\ 3x_1 - 6x_2 + 5x_3 - 2x_4 \geqslant 3, \\ 7x_1 - 3x_2 - x_3 + 3x_4 \leqslant -1, \\ x_1 \geqslant 0, \\ x_3 \geqslant 0. \end{cases}$$

2. 求解线性规划问题

$$\min f(x) = -x_1 + x_2 + x_3 + x_4 - x_5$$

$$\text{s.t.} \begin{cases} x_3 + 6x_5 = 9, \\ x_1 - 4x_2 + 2x_5 = 2, \\ 2x_2 + x_4 + 2x_5 = 9, \\ x_i \geqslant 0, \quad i = 1,2,3,4,5. \end{cases}$$

3. 某快餐店一周中每天需要不同数目的雇员,设周一至少 a_1 人,周二至少 a_2 人,周三至少 a_3 人,周四至少 a_4 人,周五至少 a_5 人,周六至少 a_6 人,周日至少 a_7 人,又规定雇员需连续工作 5 天,每人每天的工资为 C 元. 问快餐店怎样聘用雇员才能满足需求,又能使总聘用费用最少?

提示:由于每个雇员需连续工作 5 天,故快餐店聘用的总人数不一定是每天聘用人数之和. 定义周一开始工作的雇员数为 x_1,周日开始工作的雇员数为 x_7,则一周的聘用总费用为 $z=C(x_1+x_2+x_3+x_4+x_5+x_6+x_7)$,由于除了周二和周三开始工作的雇员之外,其余的雇员都会在周一工作,所以周一至少应有 a_1 人的约束应表示为

$$x_1 + x_4 + x_5 + x_6 + x_7 \geqslant a_1,$$

类似地可以得出其他的约束条件.

现给定 $C=100$ 元,$a_1=16$ 人,$a_2=15$ 人,$a_3=16$ 人,$a_4=19$ 人,$a_5=14$ 人,$a_6=12$ 人,$a_7=18$ 人,请给出问题的数学模型,并用 MATLAB 来求解.

4. 完成实验报告. 上传实验报告和程序.

实验 31　用 MATLAB 求解非线性优化问题

一、实验目的

了解 MATLAB 的优化工具箱，利用 MATLAB 求解非线性优化问题.

二、相关知识

非线性优化包括相当丰富的内容，这里就 MATLAB 提供的一些函数来介绍相关函数的用法及其所能解决的问题.

1. 非线性一元函数的最小值

MATLAB 命令为 fminbnd()，其使用格式为

```
X = fminbnd(fun,x1,x2)
[X,fval,exitflag,output] = fminbnd(fun,x1,x2)
```

其中，fun 为目标函数，x1，x2 为变量的边界约束，即 x1⩽x⩽x2，X 为返回的满足 fun 取得最小值的 x 的值，而 fval 则为此时的目标函数值. exitflag>0 表示计算收敛，exitflag=0 表示超过了最大的迭代次数，exitflag<0 表示计算不收敛，返回值 output 有 3 个分量，其中 iterations 是优化过程中迭代次数，funcCount 是代入函数值的次数，algorithm 是优化所采用的算法.

例 1　求函数 $f(x)=\dfrac{x^5+x^3+x^2-1}{e^{x^2}+\sin(-x)}$ 在区间 $[-2,2]$ 的最小值和相应的 x 的值.

解　解决此问题的 MATLAB 程序为

```
clear
fun = '(x^5 + x^3 + x^2 - 1)/(exp(x^2) + sin( - x))'
ezplot(fun,[ - 2,2])
[X,fval,exitflag,output] = fminbnd(fun, - 2,2)
```

结果为

```
X = 0.2176
fval = - 1.1312
exitflag = 1
```

```
output = iterations: 13
         funcCount: 13
         algorithm: 'golden section search,parabolic interpolation'
```

2. 无约束非线性多元变量的优化

这里介绍两个命令 fminsearch()和 fminunc(),前者适合处理阶次低但是间断点多的函数,后者则对于高阶连续的函数比较有效.

命令 fminsearch()的格式为

```
X = fminsearch(fun,X0)
[X,fval,exitflag,output] = fminsearch(fun,X0,options)
```

该命令求解目标函数 fun 的最小值和相应的 x 的值,X0 为 x 的初始值,fval 为返回的函数值,exitflag=1 表示优化结果收敛,exitflag=0 表示超过了最大迭代次数.返回值 output 有 3 个分量,其中 iterations 是优化过程中迭代次数,funcCount 是代入函数值的次数,algorithm 是优化所采用的算法.Options 是一个结构,里面有控制优化过程的各种参数,参考 optimset()命令来设置,一般情况下不必改动它,即使用缺省设置就可以了.

例 2　求函数 $f(x,y)=\sin^2 x+\cos y$ 的最小值以及最小值点.

解　完成该计算的 MATLAB 程序如下:

```
clear
fun1 ='sin(x) * sin(x) + cos(y)'
fun2 ='sin(x(1)) * sin(x(1)) + cos(x(2))'
ezmesh(fun1)
[X,fval] = fminsearch(fun2,[0,0])
X = -1.5708   3.1416
fval = -2.0000
```

其中,语句 ezmesh()是为了画出函数的图形,注意这里 fun1 和 fun2 不同,考虑如果用相同的是否可行.

命令 fminunc()的格式为

```
X = fminunc(fun,X0)
[X,fval,exitflag,output,grad,hessian] = fminunc(fun,X0,options)
```

命令 fminunc()通过计算寻找多变量目标函数 fun 的最小值,X0 为优化的初始值,X 为返回的变量的值,grad 返回解点的梯度,hessian 返回解点的汉森矩阵.其他参数的意义和命令 fminsearch()相同.

例 3　求函数 $f(x_1,x_2)=e^{x_1}(2x_1+3x_2^2+2x_1x_2+3x_2+1)$的最小值.

解　MATLAB 程序为

```
clear
fun='exp(x(1))*(2*x(1)^2+3*x(2)^2+2*x(1)*x(2)+3*x(2)
  +1)';
x0=[0,0];
options=optimset('largescale','off','display','iter','tolx',1e-
  8,'tolfun',1e-8);
[x,fval,exitflag,output,grad,hessian]=fminunc(fun,x0,options)
```

运行结果为:

```
Iteration Func-count   f(x)     Step-size  Directional derivative
    1          2         1         0.2              -10
    2          8      0.369471  0.134277         -0.0203
    3         14      0.154419  0.459778         -0.0696
    4         20      0.134704  0.746874        -2.28e-005
    5         26      0.132961   0.63991         -1.1e-007
    6         32      0.132961  0.897232        -7.32e-009
Optimization terminated successfully:
 Current search direction is a descent direction,and magnitude of
 directional derivative in search direction less than 2*op-
   tions.TolFun
x=   0.2695   -0.5898
fval=   0.1330
exitflag=   1
output=   iterations: 6
          funcCount: 33
          stepsize: 1.0000
    firstorderopt: 1.6892e-005
        algorithm: 'medium-scale: Quasi-Newton line search'
grad=1.0e-004 *(-0.1689,0.0074)
hessian=   5.1110   2.6437
           2.6437   8.0539
```

本例的程序对参数 options 进行了设置,'largescale','off',关闭了大规模方式,'display'用来控制计算过程的显示,'iter'表示显示优化过程的每次计算结果,'off'表示不显示所有输出,'final'仅输出最后结果,'tolx'用来控制输入变量 x 的允许误差精度,本例设置为 1e−8,'tolfun'是控制目标函数的允许误差精度,缺省值是 1e−4,本例为 1e−8.

三、实验内容

1. 将例 1 中 x 的范围改为$[-5,5]$会得到怎样的结果,你认为正确吗？应该如何解决？

2. 求函数 $f(x)=x^2+4x+4$ 的最小值.

3. 在区间$[-10,10]$上,求函数 $f(x)=(x-2)^4\sin x-(x-1)^2\cos x$ 的最小值.

4. 完成实验报告.上传实验报告和程序.

实验 32　有约束非线性多元变量的优化

一、实验目的

进一步了解 MATLAB 的优化工具箱，利用 MATLAB 求解非线性优化问题.

二、相关知识

非线性优化包括相当丰富的内容，本实验继续就 MATLAB 提供的一些函数来介绍相关函数的用法及其所能解决的问题.

由线性规划看到优化要处理各种约束条件，在非线性规划中问题就更加复杂，除了线性规划中的那些约束外，还要增加非线性约束. MATLAB 的命令函数 fmincon()可以处理有约束的非线性多元函数的优化问题.

有约束多变量优化问题的数学模型为求一组变量 $x_1, x_2, \cdots, x_n$，满足在给定的约束条件下，使目标函数 $f(x_1, x_2, \cdots, x_n)$ 最小. 目标函数一般为非线性函数，约束条件分为线性不等式约束、线性等式约束、变量边界约束和非线性约束几部分. 除非线性约束外，表示方法与线性规划相同. 函数 fmincon()的具体格式为

```
X = fmincon(fun,x0,A,b)
X = fmincon(fun,x0,A,b,Aeq,Beq,Lb,Ub)
X = fmincon(fun,x0,A,b,Aeq,Beq,Lb,Ub,nonlcon,options)
[X,fval,exitflag,output] = fmincon(fun,x0,...)
[X ,fval,exitflag,output,lambda,grad,Hessian] = fmincon(fun,x0,
  ...)
```

参数中 fun 为目标函数，x0 为变量的初始值，x 为返回的满足要求的变量的值. A 和 b 表示线性不等式约束，Aeq，Beq 表示线性等式约束，Lb 和 Ub 分别为变量的下界和上界约束，nonlcon 表示非线性约束条件，options 为控制优化过程的优化参数向量.

返回值 fval 为目标函数. exitflag>0 表示优化结果收敛于解，exitflag$=0$ 表示优化超过了函数值的计算次数，exitflag<0 表示优化不收敛. lambda 是拉格朗日乘子，显示那个约束条件有效. grad 表示梯度，Hessian 表示黑塞矩阵.

例 1　求$[x_1, x_2]$，使得目标函数 $f(x_1, x_2)=e^{x_1}(4x_1^2+2x_2^2+4x_1x_2+2x_2+1)$ 在约束条件 $1.5+x_1x_2-x_1-x_2\leqslant 0, -x_1x_2\leqslant 10$ 下取得最小值.

解　设计的程序如下：

先把目标函数和约束条件分别编写成独立的 m 文件，注意，这样的 m 文件必须用 function 开头，并且文件名一定要和函数名一致. 目标函数的文件为 objfun. m

```
function f = objfun(x)
f = exp(x(1)) * (4 * x(1)^2 + 2 * x(2)^2 + 4 * x(1) * x(2) + 2 * x(2) + 1);
```

约束条件的文件为 confun. m

```
function [c,ceq] = confun(x)
c = [1.5 + x(1) * x(2) - x(1) - x(2); - x(1) * x(2) - 10];
ceq = [];
```

接着，编写完成优化的程序如下：

```
clear
x0 = [ - 1 1];
options = optimset('largescale','off','display','iter');
[x ,fval,exitflag,output] = fmincon(@objfun,x0,[],[],[],[],[],
    [],@confun,options)
```

运行结果为

Iter	F-count	f(x)	constraint	max Step-size	Directional derivative	Procedure
1	3	1.8394	0.5	1	0.0486	
2	7	1.85127	- 0.09197	1	- 0.556	Hessian modified twice
3	11	0.300167	9.33	1	0.17	
4	15	0.529834	0.9209	1	- 0.965	
5	20	0.186965	- 1.517	0.5	- 0.168	
6	24	0.0729085	0.3313	1	- 0.0518	
7	28	0.0353322	- 0.03303	1	- 0.0142	
8	32	0.0235566	0.003184	1	- 6.22e - 006	
9	36	0.0235504	9.032e - 008	1	1.76e - 010	Hessian modified

```
Optimization terminated successfully:
 Search direction less than 2 * options. TolX and
  maximum constraint violation is less than options. TolCon
```

```
Active Constraints:
    1
    2
x = -9.5474   1.0474
fval =   0.0236
exitflag =   1
output = iterations: 9
         funcCount: 38
         stepsize: 1
         algorithm: 'medium-scale: SQP,Quasi-Newton,line-search'
   firstorderopt: []
   cgiterations: []
```

例 2　在例 1 的基础上，再加上边界约束条件，即加上 $x_1 \geqslant 0, x_2 \geqslant 0$，则仅需要修改上面的第三个程序为

```
clear
x0 = [-1 1];
lb = [0,0];
ub = [];
options = optimset('largescale','off','display','iter');
[x ,fval,exitflag,output] = fmincon(@objfun,x0,[],[],[],[],lb,
  ub,@confun,options)
```

现在得到的结果为

Iter	F-count	f(x)	constraint	max Step-size	Directional derivative	Procedure
1	3	5.0009	0.5	1	3	
2	7	8.5004	1.355e-020	1	-0.0004	
3	11	8.5	3.04e-013	1	2.43e-012	Hessian modified

```
Optimization terminated successfully:
  Search direction less than 2 * options.TolX and
    maximum constraint violation is less than options.TolCon
Active Constraints:
    1
    3
x =   0   1.5000
fval = 8.5000
```

```
exitflag =   1
output =   iterations: 3
          funcCount: 13
           stepsize: 1
          algorithm: 'medium-scale: SQP,Quasi-Newton,line-search'
      firstorderopt: []
      cgiterations: []
```

三、实验内容

1. 求有约束的非线性优化问题：

$$\min f(x) = \frac{1}{3}(x_1+1)^3 + x_2$$

$$\text{s.t.} \begin{cases} x_1 - 1 \geqslant 0, \\ x_2 \geqslant 0. \end{cases}$$

2. 求有约束的非线性优化问题：

$$\min f(x) = 2x_1^2 + 2x_2^2 - 2x_1x_2 - 4x_1 - 6x_2$$

$$\text{s.t.} \begin{cases} x_1 + x_2 \leqslant 2, \\ x_1 + 5x_2 \leqslant 5, \\ x_1 \geqslant 0, x_2 \geqslant 0. \end{cases}$$

3. 完成实验报告.上传实验报告和程序.

实验 33　初识 Mathematica

一、实验目的

初步了解数学软件 Mathematica，能用 Mathematica 软件解决常规的运算问题.

二、相关知识

本实验介绍数学软件 Mathematica 的基本功能.

Mathematica 是一个内容丰富，功能强大，以符号运算见长的数学软件. 通过下面一些实例来认识 Mathematica，先启动 Mathematica4.0，在 Untitled-1 窗口中直接输入下面的内容，注意，In[1]：=是系统自动生成的.

```
In[1]: = 12345 * 23456
```

输入完成后用 Shift＋Enter 或数字键盘上的 Enter 实现运行即可得到结果

```
Out[1]: = 289564320
```

这就像在使用计算器一样方便，现在对 $x^3-12x^2-145x+1716$ 作因式分解

```
In[2]: = Factor[x^3 - 12x^2 - 145x + 1716]
Out[2] = ( - 13 + x)( - 11 + x)(12 + x)
```

接着，再看几个题目.

展开为多项式

```
In[3]: = Expand[(x - 3)(y^2 - y + x - 1)]
```

Out[3] = 3 - 4x + x^2 + 3y - xy - 3y^2 + xy^2

求多个数的最大公约数

```
In[4]: = GCD[391,561,357,187]
Out[5] = 17
```

求多个数的最小公倍数

```
In[5]: = LCM[21,29,35]
Out[5] = 3045
```

解方程组 $\begin{cases}3x-2y=5,\\x+y=5.\end{cases}$

```
In[6]: = Solve[{3x - 2y == 5,x + y == 5},{x,y}]
Out[6] = {{x - > 3,y - > 2}}
```

计算导数$\frac{d}{dx}(x^2\sin x)$.

```
In[7]:= D[x^2Sin[x],x]
Out[7]= x² Cos[x] + 2xSin[x]
```

计算不定积分$\int x^2\cos x dx$.

```
In[8]:= Integrate[x^2Cos[x],x]
Out[8]= 2x cos[x] + ( - 2 + x²)Sin[x]
```

计算定积分$\int_{1.2}^{2.3}\frac{\cos x+3}{\sin^2 x}dx$.

```
In[9]:= Integrate[(Cos[x] + 3)/Sin[x]^2,{x,1.2,2.3}]
Out[9]= 3.5787
```

定义矩阵$A=\begin{bmatrix}1&2&3&4\\3&2&5&6\\1&2&-1&2\\0&2&5&7\end{bmatrix}$, $B=\begin{bmatrix}7&6&5&4\\8&5&3&2\\9&6&1&8\\0&-3&-4&5\end{bmatrix}$, $C=\begin{bmatrix}3&1&2&0\\4&5&0&8\\6&7&1&9\\7&8&2&3\end{bmatrix}$.

```
In[10]:= AA = {{1,2,3,4},{3,2,5,6},{1,2,-1,2},{0,2,5,7}};
In[11]:= AB = {{7,6,5,4},{8,5,3,2},{9,6,1,8},{0,-3,-4,5}};
In[12]:= AC = {{3,1,2,0},{4,5,0,8},{6,7,1,9},{7,8,2,3}};
In[13]:= AD = {{1,2,2,1},{0,2,1,4},{1,2,4,3},{3,2,1,4}};
```

接着,进行矩阵的运算,矩阵AA乘以矩阵AB,再加上矩阵AC和矩阵AD对应元素的乘积,这里所谓的乘是指矩阵间的乘法,这种运算在 Mathematica 中用运算符“.”来完成,而运算符“*”则表示两个矩阵对应元素间的乘法,矩阵的加减法的运算符与数相同.

```
In[14]:= DD = AA.AB + AC * AD
Out[14]= {{53,24,2,52},{82,50,2,118},{20,18,6,37},{82,35,-15,
  91}}
```

这种形式不太符合平时的习惯,可以用下面的表示以便与平时一致.

```
In[15]:= TableForm[%]
Out[15]//TableForm=
    53   24    2    52
    82   50    2    118
    20   18    6    37
    82   35   -15   91
```

这里可以看到,函数 TableForm 可以使输出的矩阵符合平时书写的习惯.

从开始到这里,举了 10 个例子,看到了 Mathematica 软件的一些用法,其实这只是很少一部分功能，现在来总结一下软件的基本用法.

软件完成每一个功能，都是以一个函数的形式来实现的，函数的第一个字母要大写，其余的要小写，有时会出现一个函数中有两个甚至多个大写字母. 函数名后的括号一定要用方括号"[ ]"，%表示前一次运算的结果，如果要指明第几次，可以用%14，即第 14 次计算的结果.

接着看例子，通过例子，就可以掌握软件的基本用法.

绘制函数 x^5-3x+7 的在[−3,3]间的图形.

```
In[16]: = Plot[x^5 - 3x + 7,{x, - 3,3}]
Out[16] = - Graphics -
```

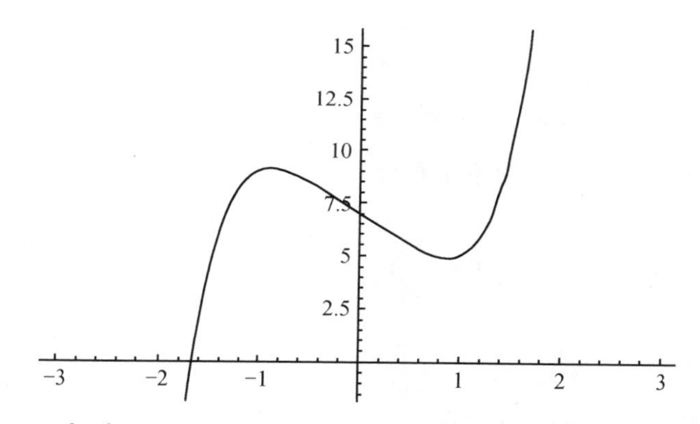

绘制函数 $e^{-(x^2+y^2)}$ 在 $x\in[-2,2]$，$y\in[-2,2]$这个区域的图形.

```
In[17]: = Plot3D[Exp[ - (x^2 + y^2)],{x, - 2,2},{y, - 2,2}]
```

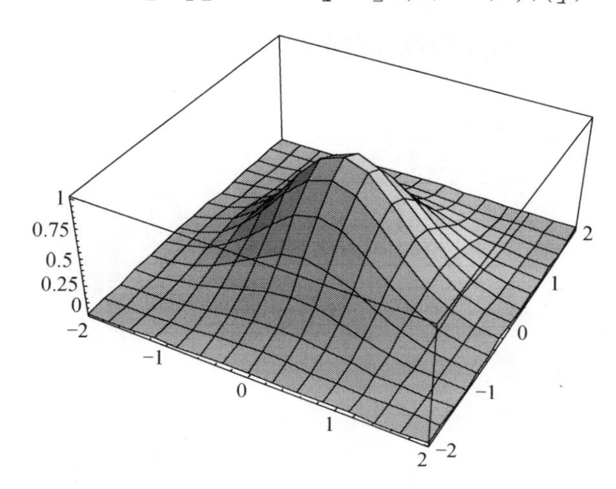

—SurfaceGraphics—

这里看到绘制三维图形，对 Mathematica 来说也很轻松. 因此，我们认为该软件是一个使用方便,功能强大的软件.

在本实验的最后,再来认识一下 Mathematica 的帮助系统,以便今后遇到不熟悉的问题,可以通过查看帮助来解决问题.

Mathematica 有完整的帮助系统,而且使用起来非常方便,它有几种查找方式,可以按内容的类别来查找,也可以按已知的函数名来查找该函数的用法.比如,已知一个绘制函数图形的函数 Plot,可以在进入帮助系统后在 Goto 后面的对话框里输入 Plot,然后单击 Goto,则出现 Plot,单击 Plot 则进入函数 Plot 的详细说明,或者先选择 Built-in Functions,在左边一栏选择 Graphics and Sound,接着在中间一列选择 2D Plot,接着再在右边一列选择 Plot,此时也出现刚才一样的解释.

三、实验内容

1. 求函数 $f(x)=\tan(x^2)+\sqrt{x^2+\sin x}$的导函数.

2. 求函数 $f(x)=\dfrac{x+2}{\sqrt{x}}$的不定积分.

3. 求定积分 $\int_0^1 \dfrac{\sqrt{e^x}}{\sqrt{e^x+e^{-x}}}dx$.

4. 求方程组$\begin{cases}x^2+y^2=1,\\x+y=1.\end{cases}$

5. 绘制函数 $y=x\sin x-0.5$ 在 $x\in[-12,12]$时的图形.

6. 绘制函数 $z=\sin xy$ 的图形,x 的变化范围为$[-\pi,\pi]$,y 的变化范围为$[-2,2]$.

7. 完成实验报告.上传实验报告和程序.

实验 34　Mathematica 中的极限与微积分

一、实验目的

了解 Mathematica 的极限与微积分功能，能用 Mathematica 软件求函数的极限、微积分.

二、相关知识

本实验介绍数学软件 Mathematica 的极限与微积分功能. 从本实验开始，在所举实例中仅给出 Mathematica 语句，并且也省略系统自动生成的 In[xx]:=.

1. 求极限

计算函数极限 $\lim\limits_{x\to x_0} f(x)$ 的 Mathematica 函数为 Limit[f[x],x->x0]. 在此基础上，还可以加上参数 Direction->1 或 Direction->−1 来表示左极限或右极限.

例 1　求极限 $\lim\limits_{x\to 0}\frac{\sin x}{x}$.

解　`Limit[Sin[x]/x,x->0]`

例 2　求极限 $\lim\limits_{x\to\infty}\left(1+\frac{\alpha}{x}\right)^{\beta x}$.

解　`Limit[(1 + α/x)^(β * x),x->Infinity]`

例 3　分别计算 $\lim\limits_{x\to\infty}\frac{x^2-4}{4x^2-7x-2}$ 和 $\lim\limits_{x\to 0}\frac{x^2-4}{4x^2-7x-2}$.

解

```
Limit[(x^2 - 4)/(4 * x^2 - 7 * x - 2),x->Infinity]
Limit[(x^2 - 4)/(4 * x^2 - 7 * x - 2),x->0]
```

例 4　求极限 $\lim\limits_{x\to 0^+}\frac{1}{x}$ 和 $\lim\limits_{x\to 0^-}\frac{1}{x}$.

解

```
Limit[1/x,x->0,Direction-> - 1]
Limit[1/x,x->0,Direction->1]
```

例 5　观察求极限 $\lim\limits_{x\to 0}\sin\frac{1}{x}$ 的结果.

解　`Limit[Sin[1/x],x->0]`

系统回应：Interval[{ - 1,1}]，这表示函数值在区间[−1,1]间振荡.

例 6　观察求极限 $\lim\limits_{x\to\infty}\frac{\sin x+x}{(x+\cos x)^{\sin x}}$.

解　Limit[(Sin[x]+x)/(x+Cos[x])^Sin[x],x->Infinity]

系统回应:Limit[(x+Cos[x])$^{-\mathrm{Sin}[x]}$(x+Sin[x]),x→∞]

这说明系统在无法计算极限时,将原表达式照样返回.

2. 微商和微分

在 Mathematica 中,用于求微商(导数)的函数为 D[],其具体的使用格式和功能如下:

D[f,x]	计算偏导数$\frac{\partial}{\partial x}f$
D[f,x1,x2,...]	计算高阶偏导数$\frac{\partial}{\partial x_1}\frac{\partial}{\partial x_2}\cdots f$,
D[f,{x,n}]	计算 n 阶偏导数$\frac{\partial^n}{\partial x^n}f$
D[f,x,NonConstants->{v1,v2,...}]	计算$\frac{\partial}{\partial x}f$,其中,$v_1$,$v_2$,...依赖于 x

例 7　设函数 $u=e^z\sin x^2y^3$,求$\frac{\partial^3 u}{\partial x\partial y\partial z}$.

解　D[Exp[z] * Sin[x^2 * y^3],x,y,z]

例 8　设 t 是 x 的函数,$u=f(g(t))$,求$\frac{\mathrm{d}u}{\mathrm{d}x}$.

解　D[f[g[t]],x,NonConstants->t]

结果为

D[t,x,Nonconstants→{t}]f'[g[t]]g'[t]

在 Mathematica 中,全微分和全导数共用函数 Dt 来求解,该函数的具体使用格式为

Dt[f]	求全微分
Dt[f,x]	求全导数

例 9　求函数 $z=x^2y^3$ 的全微分和全导数.

解　求全微分用 Dt[x^2y^3],结果为

$2xy^3$Dt[x] + $3x^2y^2$Dt[y]

求全导数用 Dt[x^2y^3,x],结果为

$2xy^3 + 3x^2y^2$Dt[y,x]

这里因为没有给出 y 关于 x 的具体表达式,因此系统也就不能具体计算出来.如果预先定义 $y=\sin[x]$,则系统就会给出

$3x^2$Cos[x]Sin[x]^2 + 2x Sin[x]^3

例 10　函数的定义和求导.

解　f[x_] := Sin[x^2] + Sin[x]^2　　　　定义 $f(x)=\sin x^2+\sin^2 x$

```
f'[x]                                              求 f(x)的导数
2xCos[x^2] + 2Cos[x]Sin[x]                         系统给出的计算结果
f''[x]                                             求 f(x)的 2 阶导数
2Cos[x]^2 + 2Cos[x^2] - 2Sin[x]^2 - 4x^2 Sin[x^2]  系统给出的结果
```

通过例 10,又有了一种新的求导方法,它就和平时书写一样.

3. 不定积分和定积分

不定积分和定积分共用函数 Integrate[],其具体使用格式如下:

Integrate[f,x]	计算不定积分 $\int f(x)\mathrm{d}x$
Integrate[f,x,y]	计算不定积分 $\int \mathrm{d}x\int f(x,y)\mathrm{d}y$
Integrate[f,x,y,z]	计算不定积分 $\int \mathrm{d}x\int \mathrm{d}y\int f(x,y,z)\mathrm{d}z$
Integrate[f,{x,a,b}]	计算定积分 $\int_a^b f(x)\mathrm{d}x$
Integrate[f,{x,a,b},{y,c,d}]	计算二重积分 $\int_a^b \mathrm{d}x\int_c^d f(x,y)\mathrm{d}y$

例 11 计算不定积分 $\int 5bx^4\mathrm{d}x$ 的 Mathematica 程序为 Integrate[5b x^4,x],计算结果为

bx^5

这里注意,5 和 b 间的空格或乘号可以省略,但 b 和 x 间的空格或乘号不能省略.在 Mathematica 中的表达式中,乘号可以用空格来代替,在较新的版本中具体数字和符号间的空格也可以省略,但符号与符号间的空格不能省略.

例 12 计算二重不定积分 $\iint(4x^3+3y^2)\mathrm{d}x\mathrm{d}y$.

解 Integrate[4x^3 + 3y^2,x,y]

计算结果为

x^4 y + xy^3.

例 13 计算定积分 $\int_0^1(\cos^2x+\sin^3x)\mathrm{d}x$.

解 Integrate[Cos[x] * Cos[x] + Sin[x] * Sin[x] * Sin[x],{x,0,1}]

计算结果为

$$\frac{7}{6}-\frac{3\mathrm{Cos}[1]}{4}+\frac{\mathrm{Cos}[3]}{12}+\frac{\mathrm{Sin}[2]}{4}.$$

如果希望得到具体的数字,可接着用 N[%]得到 0.906265.

例 14 计算积分 $\int_b^a\mathrm{d}x\int_0^x(\sin x+\mathrm{e}^y)\mathrm{d}y$.

解　`Integrate[Sin[x] + Exp[y],{x,b,a},{y,0,x}]`

结果为

`- a + b + e^2 - e^b - aCos[a] + bCos[b] + Sin[a] - Sin[b]`

这里要注意积分的次序先积分的要写在后面,最后一次积分的变量和区间要紧跟在函数的后面.

三、实验内容

1. 求极限:

(1) $\lim\limits_{x\to 0}\dfrac{e^x-e^{-x}}{\sin x}$;

(2) $\lim\limits_{x\to\infty}\left(1+\dfrac{1}{x^2}\right)^x$.

2. 求导数:

(1) 已知 $y=\sin x\sin 2x\sin 3x$,求 $y^{(20)}$;

(2) 已知 $y=x^{x^x}$,求 y'.

3. 设函数 $u=e^{\sin x}(1+\cos^2 y)\sin(xyz)$,求$\dfrac{\partial^3 u}{\partial x\partial y\partial z}$.

4. 求函数 $z=\sin(\exp(x^2+y^2))$的全微分和全导数.

5. 求不定积分:

(1) $\displaystyle\int\frac{1+x^2}{\sqrt{x}}dx$;

(2) $\displaystyle\int\frac{2x^2-5}{x^4-5x^2+6}dx$;

(3) $\displaystyle\int\ln(x+\sqrt{1+x^2})dx$.

6. 求定积分:

(1) $\displaystyle\int_0^1\sin^4 x\cos^4 x dx$;

(2) $\displaystyle\int_0^{\ln 2}\sqrt{e^x-1}dx$.

7. 求二重积分:

(1) $\displaystyle\int_1^2\int_1^{1-x}(x^2+y^3)dydx$;

(2) $\displaystyle\int_0^1 dx\int_{x^2}^{x}xy^2dy$.

*8. 求三重积分 $\displaystyle\int_0^1 dx\int_0^x dy\int_0^{x+y}xyz\,dz$.

9. 完成实验报告.上传实验报告和程序.

实验 35　Mathematica 中的级数运算

一、实验目的

了解 Mathematica 的级数运算功能，能用 Mathematica 软件进行级数的相关运算.

二、相关知识

本实验介绍数学软件 Mathematica 的级数运算功能.

1. 幂级数

将函数展开成幂级数用函数 Series[]，其具体格式为

Series[expr,{x,x0,n}]	将expr 在 $x=x_0$ 点展开到 n 阶的幂级数
Series[expr,{x,x0,n},{y,y0,m}]	先对 y 展开到 m 阶再对 x 展开 n 阶幂级数

例 1　展开 $\sin 2x$ 到 x 的 6 次幂.

解　Series[Sin[2x],{x,0,6}]

$$2x^2-\frac{x^4}{3}+o[x]^5$$

例 2　将 $f(x)$ 展开成 x 的幂级数到 x 的 4 次幂.

解　Series[f[x],{x,0,4}]

$$f[0]+f'[0]x+\frac{1}{2}f''[0]x^2+\frac{1}{6}f^{(3)}[0]x^3+\frac{1}{24}f^{(4)}[0]x^4+o[x]^5$$

如果事先定义了 $f[x]$，则展开式就是所需的特定展开式，如

```
f[x_] := Sin[x] + Cos[2x];
Series[f[x],{x,0,6}]
```

$$1+x-2x^2-\frac{x^3}{6}+\frac{2x^4}{3}+\frac{x^5}{120}-\frac{4x^6}{45}+o[x]^7$$

例 3　将函数 $f(x,y)=\sin 2x\cos 3y$ 展开成幂级数，关于 x 展开到 4 次幂，关于 y 展开到 6 次幂.

解　Series[Sin[2x] Cos[3y],{x,0,4},{y,0,6}]

$$\left(2-9y^2+\frac{27y^4}{4}-\frac{81y^6}{40}+o[y]^7\right)x+\left(-\frac{4}{3}+6y^2-\frac{9y^4}{2}+\frac{27y^6}{20}+o[y]^7\right)x^3+o[x]^5$$

2. 傅里叶级数

要把一个函数展开成傅里叶级数,主要就是计算傅里叶系数,实际就是计算定积分,根据傅里叶系数的公式,已经知道

$$a_0=\frac{1}{\pi}\int_{-\pi}^{\pi}f(x)\mathrm{d}x,\quad a_n=\frac{1}{\pi}\int_{-\pi}^{\pi}f(x)\cos nx\,\mathrm{d}x,\quad b_n=\frac{1}{\pi}\int_{-\pi}^{\pi}f(x)\sin nx\,\mathrm{d}x.$$

因此容易用 Mathematica 软件来进行计算,首先来定义 a_n 和 b_n,

```
a[n_] := Integrate[f[x] Cos[n x],{x, - Pi,Pi}]/Pi
b[n_] := Integrate[f[x] Sin[n x],{x, - Pi,Pi}]/Pi
```

接着,只要定义好 $f[x]$,就可以根据需要计算出傅里叶系数了.

例 4 写出函数 x^2+x^3 的傅里叶展开式中的前 11 个系数.

解 先定义

```
f[x_] := x^2 + x^3
```

接着,根据上面的程序,可以得到

$$a[0]=\frac{2\pi^2}{3},a[1]=-4,b[1]=\frac{2(-6\pi+\pi^3)}{\pi},$$

$$a[2]=1,b[2]=\frac{3\pi-2\pi^3}{2\pi},a[3]=-\frac{4}{9},b[3]=\frac{2(-2\pi+3\pi^3)}{9\pi},$$

$$a[4]=\frac{1}{4},b[4]=\frac{3\pi-8\pi^3}{16\pi},a[5]=-\frac{4}{25},b[5]=\frac{2(-6\pi+25\pi^2)}{125\pi}.$$

三、实验内容

1. 将函数 $f(x)=(1+x)^2e^{-x}$ 在 $x=0$ 处展开为幂级数(至 5 阶).
2. 将函数 $f(x)=x^4$ 展开为傅里叶级数,求前 9 个系数.
3. 将函数 $f(x)=x^3$ 展开为傅里叶级数,求前 8 个系数.
4. 完成实验报告. 上传实验报告和程序.

实验 36　Mathematica 中的 2 维作图功能

一、实验目的

了解 Mathematica 的作图功能,能用 Mathematica 软件作图.

二、相关知识

本实验介绍数学软件 Mathematica 的作图功能. Mathematica 有非常强大的作图功能,而且使用方便.

1. 2 维图形的作图命令 Plot

用 Plot 命令能画出一元函数在指定区间上的图形,其具体的格式为

`Plot[f,{x,a,b},options]`	画出 x 属于$[a,b]$区间时,$f(x)$的图形
`Plot[{f1,f2,...},{x,a,b},options]`	画出 x 属于$[a,b]$区间时,$f_1(x)$, $f_1(x)$,…的图形

例 1

```
Plot[x Sin[x],{x,-Pi,Pi}]
```

结果见图 36.1.

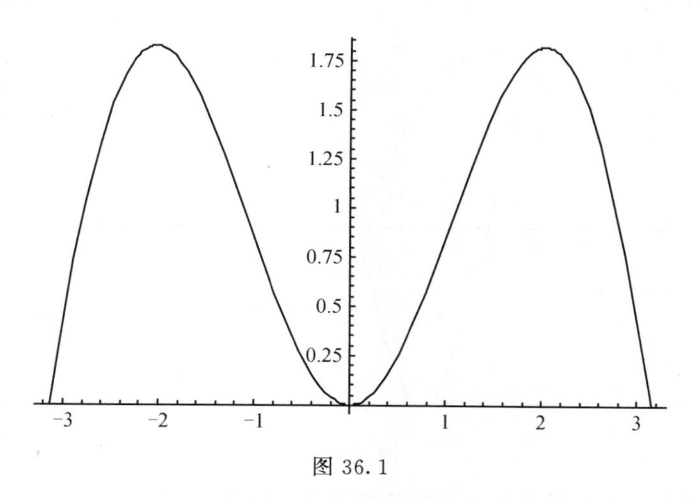

图 36.1

在 Plot 命令中,可以加上许多选项,系统以这些选项来控制人们对图形细节

的不同需要.所有选项可用 Options[Plot]来查看,在一个 Plot 命令中可以同时包括多个选项,它们以"选项名－＞选项值"的形式放在 Plot 中最右边的位置,遇有多个选项时,逐个依次排列,中间以逗号隔开,也可以一个选项也没有,这时,系统使用默认选项.

把使用较多的选项列于表 36.1.

表 36.1

选项名	默认值	选项值
AspectRatio	$\frac{1}{\text{GoldenRatio}}=\frac{1}{0.618}$	y 轴单位长度/x 轴单位长度
Axes	True	None,{x0,y0}
AxesLAble	None	{"横坐标名","纵坐标名"}
Frame	False	True
Ticks	Automatic	None,{xi,yi}
PlotLable	None	"图的名称"
PlotRange	自动切除区间奇点附近区域的曲线	All,{y0,y1},{{x0,x1},{y0,y1}}
PlotPoints	25	正整数
PlotStyle	Automatic	Graylevel[g],0≤g≤1 RGBColor[r,g,b],0≤r,g,b≤1 Dashing[{d1,d2,...}]

例 2

```
Plot[{Sin[x],Sin[2 x]},{x,-0.5,6.7},
  PlotStyle->{Dashing[{0.01,0.04,0.01,0.02}],Dashing[{0.03,
    0.01,0.01,0.02}]}]
```

结果见图 36.2.

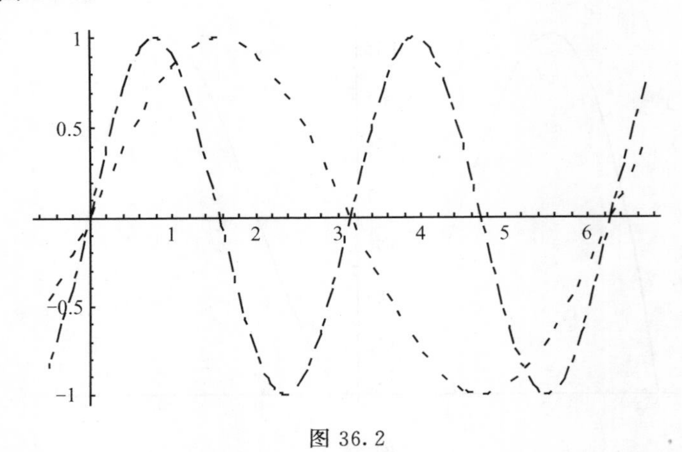

图 36.2

研究 Dashing 中数据变化与曲线实际形状变化的关系.

例 3

```
Plot[(x^2 - x)Sin[x],{x,2,16},AxesLabel-> {"x","f(x)"}]
```

结果见图 36.3.

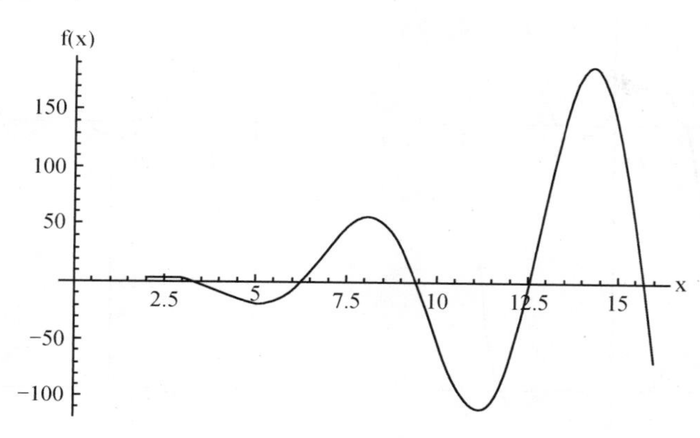

图 36.3

2. 几个与 Plot 相关的函数

`Show[pic]`	重新显示图形 pic;
`Show[pic1,pic2,pic3,...]`	将多幅已绘制的图形在同一坐标系下重新显示.
`GraphicsArray[]`	组合多个图形称为一个数组,其元素是一幅图.

GraphicsArray[]命令显示图形的常用形式有

`Show[GraphicsArray[{p1,p2,...}]`	依次显示多个图形;
`Show[GraphicsArray[{{p11,p12,...},{p21,p22,...},...{...}}]]`	按矩阵形式显示多个图形.

例 4

```
p1 = Plot[x^3 - 3x + 1,{x, - 5,5}]
p2 = Plot[(x - 1)(x + 1)(x - 1.5)(x + 2.5)(x - 3),{x, - 5,5}]
p3 = Plot[x^2 Sin[x] + 1.5,{x, - 5,5}]
Show[GraphicsArray[{p1,p2,p3}]]
```

结果见图 36.4.

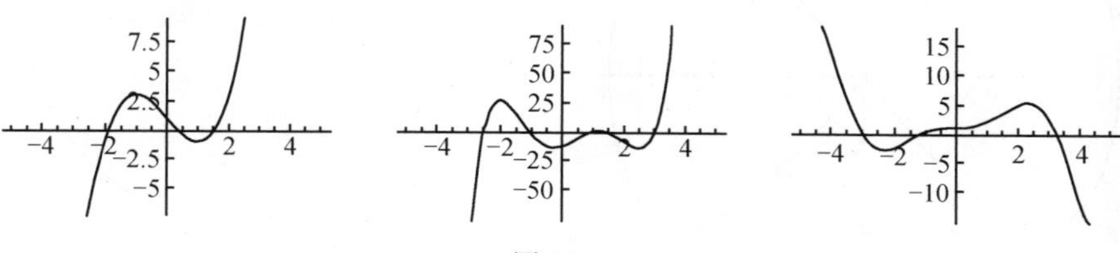

图 36.4

```
Show[GraphicsArray[{{p1,p2},{p2,p3}}]]
```

结果见图 36.5.

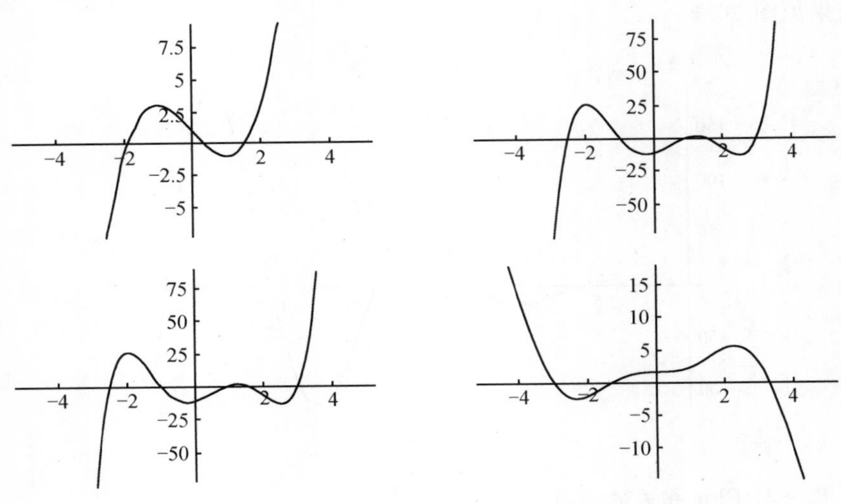

图 36.5

3. 2 维参数绘图函数 ParametricPlot

Plot 用于直角坐标下函数 $y=f(x)$的图形绘制，而 ParametricPlot 则用于以参数方程定义的函数的图形的绘制，其一般格式为

```
ParametricPlot[{x[t],y[t]},{t,t0,t1},选项]
ParametricPlot[{{x1[t],y1[t]},{x2[t],y2[t]},...,{t,t0,t1},选项]
```

例 5

```
ParametricPlot[{Sin[t],Sin[2t]},{t,0,2Pi}]
ParametricPlot[{Cos[t],Sin[t]},{t,0,2Pi},AspectRatio->1]
```

结果见图 36.6 与图 36.7.

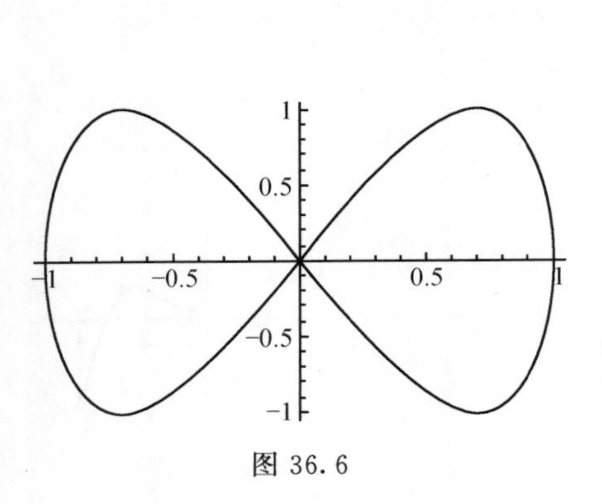

图 36.6

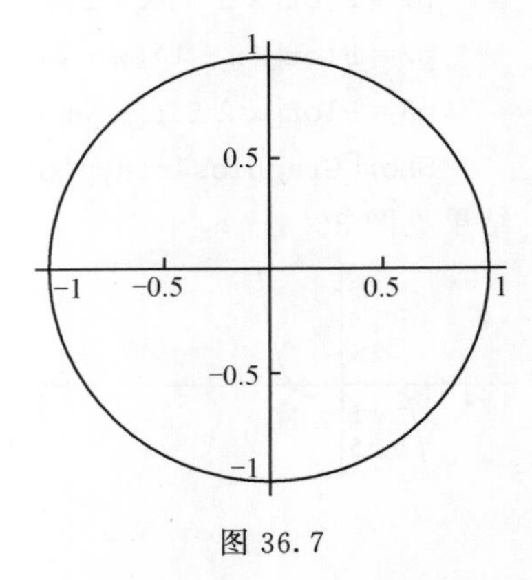

图 36.7

三、实验内容

1. 作出下列函数的图形：

(1) $y=1+x+x^2$， $x\in[-100,100]$；

(2) $y=(x-1)(x-2)^2$， $x\in[-70,70]$.

2. 在同一坐标系中作出 $y(x)$和 $y'(x)$的图形：

(1) $y(x)=\dfrac{x^2(x-1)}{(x+1)^2}$， $x\in[-100,100]$；

(2) $y(x)=\dfrac{\sin x}{1+x^2}$， $x\in[-90,90]$.

3. 画出下列参数曲线表示的曲线：

(1) $x=\dfrac{(t+1)^2}{4}$， $y=\dfrac{(t-1)^2}{4}$， $t\in[-6,6]$；

(2) $x=t\ln t$， $y=\dfrac{\ln t}{t}$， $t\in[0,6\pi]$.

4. 完成实验报告.上传实验报告和程序.

实验 37　Mathematica 中的 3 维作图功能

一、实验目的

了解 Mathematica 的 3 维作图功能，能用 Mathematica 软件作 3 维图.

二、相关知识

本实验介绍数学软件 Mathematica 的 3 维作图功能. Mathematica 有非常强大的作图功能，而且使用方便.

1. 3 维作图命令 Plot3D

命令 Plot3D 可以绘制 2 元函数的图形，其一般格式是

```
Plot3D[f[x,y],{x,x0,x1},{y,y0,y1},选项]
Plot3D[{f[x,y],s[x,y]},{x,x0,x1},{y,y0,y1},选项]
```

按 s[x,y]设置的灰度函数或颜色函数来绘制函数 $f[x,y]$的图形，除了与 Plot 一致的选项外，其常用选项(表 37.1)为

表 37.1

选项名	默认值	选项值
PlotRange	Automatic	All,{z0,z1},{{x0,x1},{y0,y1},{z0,z1}}
AspectRatio	1∶1∶0.4	$x:y:z$
ViewPoint	{1.3,－2.4,2}	任意一点的坐标
Mesh	True	False
PlotPoints	15	正整数
PlotStyle	Automatic	Graylevel[g],0≤g≤1 RGBColor[r,g,b],0≤r,g,b≤1 Dashing[{d1,d2,...}]
Boxed	True	False

例 1　比较Plot3D[Sin[x y],{x,－Pi,Pi},{y,－3,3}] 和

Plot3D[Sin[x y],{x,－Pi,Pi},{y,－3,3},PlotPoints->45].

结果见图 37.1.

例 2　比较Plot3D[Cos[x] Sin[x y],{x,0,3},{y,0,3}]和

Plot3D[{Cos[x] Sin[x y],GrayLevel[x/3]},{x,0,3},{y,0,3}].

结果见图 37.2.

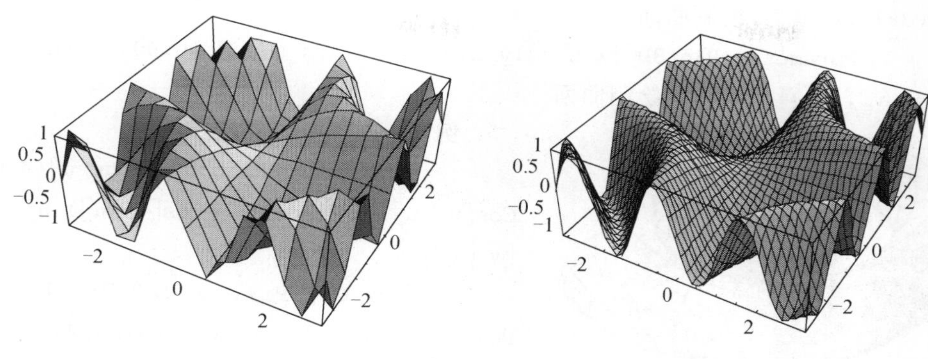

图 37.1

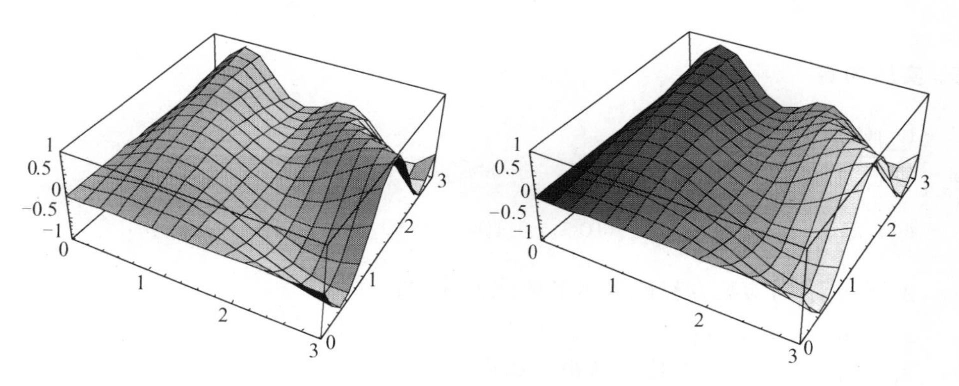

图 37.2

用 Plot3D 画一个 3 维图形时,它将这个目标放在一个以坐标变换范围为界的透明长方体中,并且显示该长方体的边框,设置 Boxed->False 则不显示边框. 在用 Plot3D 绘制立体图时,ViewPoint 是一个重要参数,它相当于拍摄图形的照相机摆放的位置,不同的位置看到的曲面形状自然不一样.

关于 ViewPoint 的典型设置如下:

{0,−2,0}	正前方	{0,0,2}	正上方
{0,−2,2}	前上方	{0,−2,−2}	前下方
{−2,−2,0}	长方体左角	{2,−2,0}	长方体右角

2. 3 维参数作图函数 ParametricPlot3D

该命令的使用格式为

ParametricPlot3D[{x[u],y[u],z[u]},{u,u0,u1,(du)},选项]　绘制空间曲线

ParametricPlot3D[{x[u,v],y[u,v],z[u,v]},{u,u0,u1,(du)},{v,v0,v1,(dv)},选项]　绘制曲面

ParametricPlot3D[{x[u,v],y[u,v],z[u,v],s[u,v]},{u,u0,u1,(du)},{v,v0,v1,(dv)},选项]　绘制曲面

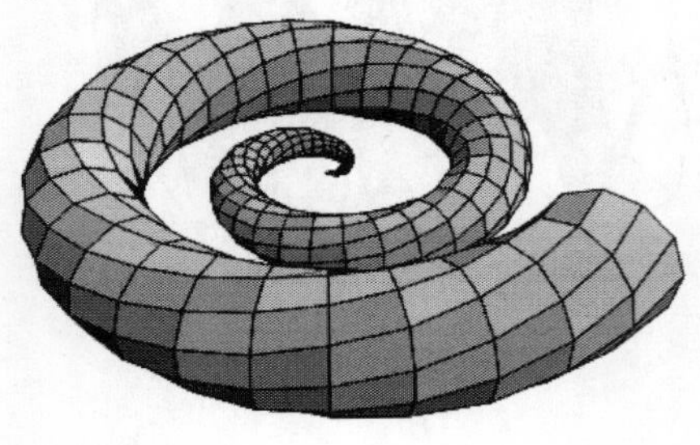
图 37.3

例 3

```
ParametricPlot3D[{u Cos[u](4 + Cos[v + u]),u Sin[u](4 + Cos[v + u]),u Sin[v + u]},
    {u, 0, 4 Pi}, {v, 0, 2 Pi}, PlotPoints->{60,12},Boxed->False,Axes->False]
```

作出的图形见图 37.3.

三、实验内容

1. 画出下列函数的图形：

(1) $z=e^{-x^2-y^2}$，　$-3\leqslant x\leqslant 3$，　$-3\leqslant y\leqslant 3$；

(2) 函数 $z=\dfrac{x^2-y^2}{x^3+y^3}$，　$-10\leqslant x\leqslant 10$，　$-10\leqslant y\leqslant 10$.

2. 作出下列参数方程所表示的曲线或曲面：

$x=\sin t, y=\cos t, z=t$，　$t\in[0,15]$，　$u\in[-1,1]$.

3. 完成实验报告.上传实验报告和程序.

实验 38　Mathematica 程序设计

一、实验目的

了解 Mathematica 的程序设计功能,能用 Mathematica 软件设计程序,以解决较大规模的问题.

二、相关知识

本实验介绍数学软件 Mathematica 的程序设计功能.

1. 自定义函数

在 Mathematica 中,除了系统定义的常用函数以外,当需要使用自己的函数来完成特定的任务时,可以使用自定义函数的方法来定义自己所需要的函数.

自定义的方法是

f[x_]:=包含 x 的表达式

f[x_,y_]:=包含 x,y 的表达式

这里,x_可以为实数、向量或矩阵.

系统还允许两个不同的函数取相同的函数名.

例 1

```
g[x_]: = x^2 + Sin[x]
g[x_,y_]: = x + y
```

这时,系统同时接受了这两个同名的函数,并且会根据情况自动调用相应的表达式.但如果接着定义 g[x_]:=Log[x],则 g[x_]的定义就被改变了,而 g[x_,y_]依然存在.

要清除 g 的全部定义,用 Clear[g].而如果仅仅希望清除 g[x_]的定义,则用

```
g[x_]: = .
```

来完成.

自定义函数的立即赋值和延迟赋值:在 Mathematica 中,定义函数时除了用":="外,也可以用"="来定义,但二者的意义是不同的,看 f[x_]:=2x 和 g[x_]=2x,如果 x 没有被定义,则它们二者没有什么差异,但如果在定义函数之前,已经定义了 x=2,则将会发现二者有很大的差异.将使用"="定义的称为立即赋值函数,这种函数在定义时赋值号右边的表达式立即被求值,如果此时右边的变量已经

有值,则调用此函数时无法替换;二用":="定义的函数称为延迟赋值函数,系统记录的只是一个规则,求值是在调用时才进行的.严格地讲,这才是真正意义的函数.但 Mathematica 为了某些需要,也允许用"="来定义函数,如在利用 Plot 作出含有计算命令函数的图形时,就有这样的需要.

例 2 比较 fun[x_] = D[Sin[x]^2,x] + Integrate[4x^3,x];Plot[fun[x],{x,-1,1}]和 fun[x_]:= D[Sin[x]^2,x] + Integrate[4x^3,x];Plot[fun[x],{x,-1,1}]的差异.

解 前者在运行时没有问题,但后者由于调用时没有具体的值而无法进行计算,但也不是一定要用第一种方法来定义函数,其实这时可采用将 Plot 语句中的 fun[x]改为 Evaluate[fun[x]]来实现上面的功能.

例 3 定义递归函数.斐波那契数列是熟悉的数列,可以通过下面的 Mathematica 程序来生成该数列:

```
f[1] = 1;f[2] = 1;f[x_]:= f[x-1] + f[x-2]
```

也可以用 f[1] = 1;f[2] = 1;f[x_]:f[x] = f[x-1] + f[x-2]来定义,当用后者时,只要一旦计算了 f[n],则所有小于 n 的整数 i,f[i]均已保留在系统中,而不需要重新计算.

可以先计算 f[10],再用? f 查看内存的情况.

2. 过程

Mathematica 中的一个过程就是用分号隔开的表达式序列,一个表达式序列也称为一个复合表达式,在 Mathematica 的各种结构中,任何一个表达式的位置都能放一个符合表达式.

3. 条件控制语句

Mathematica 中提供了 If,Which 和 Switch 三种描述条件分支的结构语句,这些条件语句常用在程序中.

1) If 语句结构

If 结构有下列三种情况:

If[逻辑表达式,表达式 1]:当逻辑表达式成立时,计算表达式 1,其值就是 If 结构的值.

If[逻辑表达式,表达式 1,表达式 2]:当逻辑表达式成立时,计算表达式 1,其值作为 If 结构的值;当逻辑表达式不成立时,计算表达式 2,其值作为 If 结构的值.

If[逻辑表达式,表达式 1,表达式 2,表达式 3]:当逻辑表达式成立时,计算表达式 1,其值作为 If 结构的值;当逻辑表达式不成立时,计算表达式 2,其值作为 If 结构的值;当逻辑表达式既非成立也非不成立时(多数为无法判断时),计算表达式

3,并将其值作为 If 结构的值.

例 4　(1) x = 1;If [x>0,x]

(2) 定义 f [x_,y_]: = If [x>0&&y>0,x + y,x - y],输入 f [3,3],返回 6,输入 f [2, - 2],返回 4,输入 f[2,u],返回 If[u > 0,2 + u,2 - u].

(3) 定义 g [y_]: = If [y>0,"ABC","DEF","XYZ"],输入 g[Z],返回 XYZ(无法判断 Z 是否>0).

2) Which 语句结构

Which 语句的一般形式为:

Which [条件 1,表达式 1,条件 2,表达式 2,…,条件 n,表达式 n]

Which [条件 1,表达式 1,条件 2,表达式 2,…,条件 n,表达式 n,True,表达式]

依次计算条件 i,计算对应第一个条件为 True 的表达式的值,作为整个结构的值.如果所有条件的值都为 False,则第一种格式不作任何运算,在第二种格式中,以表达式的值作为整个结构的值.

例 5　给出函数

$$f(x)=\begin{cases}x, & x<0,\\ \cos x, & 0\leqslant x<2,\\ x^2, & 4\leqslant x<6,\\ 1, & \text{其他}\end{cases}$$

的定义,并分别计算 $f(-1),f(1),f(3),f(5)$.

解

```
f [x_]: = Which[x<0,x,x> = 0&&x<2,Cos[x],x> = 4&&x<6,x^2,
   True,1]
{f [ - 1],f [1],f [3],f [5]}
```

例 6　定义 K[x_]: = Which[x>1,u = 1,x>3,v = 2,x>s,w = 3]则 K[6] = 1(考虑为什么?)

3) Switch 语句结构

Switch 语句的一般形式为:

Switch [表达式,模式 1,表达式 1,模式 2,表达式 2,…,模式 n,表达式 n]

将表达式与模式 1、模式 2,…,模式 n 依次作比较,给出第一个与表达式匹配的模式 i 对应的表达式 i 的值,若均不匹配,则返回原表达式.

例 7

```
g[x_]: = Switch[Mod[x,3],0,a,1,b,2,c]
{g[7],g[8],g[9]}
```

结果为

{b,c,a}

4. 循环控制结构

Mathematica 提供了三种循环控制结构:Do,While 和 For.

1) Do 语句结构

Do[表达式,{i,i0,i1,s}]: 循环变量 i 从 i0 到 i1,每次增加 s,计算表达式的值;

Do[表达式,{i,i1}]:i0=1 步长为 1 时的省略形式;

Do[表达式,{n}]:计算表达式 n 次;

Do[表达式,{i,i0,i1,is},{j,j0,j1,js}]:i 从 i0 到 i1 按步长 is 递增,j 从 j0 到 j1 按步长 js 递增,对每个 i、j 计算表达式.

例 8　`t = x ; Do[t = 1/(1 + K t);Print[t],{K,2,6,2}]`(* 这里注意 K 和 t 之间一定要有空格. *)

```
Do[Print[{i,j}],{i,4},{j,i}]
```

2) While 语句结构

While 语句的一般形式为

While[条件,循环体]

例 9　用 While 求 1 到 100 的和 i=1 ; s=0.

```
While[i<100,i = i + 1;s = s + i];s
```

注意 i 的变化范围.

3) For 语句结构

For 语句的一般形式为

For[初始值,条件,步长,循环体]

例 10　用 For 求 1 到 100 的和.

```
For[i = 1;s = 0,i< = 100,i = i + 1,s = s + i];Print[s]
```

输出乘法口诀表

```
For[i = 1,i<10,i = i + 1,For[j = i,j<10,j = j + 1,Print[i," * ",j,"
   = ",i * j]]]
```

5. 转向控制

Label[name]:用标识符 name 标出复合表达式的一个位置;

Goto[name]:转向当前过程中 Label[name]位置后继续运行;

Return[表达式]:退出函数中的所有过程和循环,返回表达式的值;

Break[ ]:结果本层循环;

Continue[ ]:转向本层 For 或 While 结构中的下一次循环;

后三个函数的意义与 C 语言相同.

6. 程序的注释

在 Mathematica 中用(* 注释内容 *)来对程序加注释，以增加程序的可读性.

三、实验内容

1. 找出 100～1000 内的能被 3 或 11 整除的自然数.

2. 计算 $e^x=1+x+\frac{x^2}{2}+\frac{x^3}{3!}+\cdots+\frac{x^n}{n!}$ 对于具体要计算的 x，直到第 n 项的绝对值小于 10^{-10}，计算 e^x 的值.

3. 先定义

$$f(x)=\begin{cases}\sin x, & -20\leqslant x\leqslant -2,\\ x^2+1, & -2<x<2,\\ \cos x, & 2\leqslant x\leqslant 20,\\ 0, & \text{其他},\end{cases}$$

然后计算 $f(-3)$，$f(0)$，$f(3)$.

4. 已知 $a_i=2i-1, i=1,2,\cdots,30$，计算 $\sum_{i=1}^{30}a_i$.

5. 已知计算的牛顿迭代表达式为

$$x_{k+1}=\frac{1}{2}\left(x_k+\frac{3}{x_k}\right),$$

以 $x_0=1$ 作为初值，计算 10 次迭代的结果.

6. 完成实验报告. 上传实验报告和程序.

实验 39　Mathematica 的输入输出

一、实验目的

了解 Mathematica 的输入输出功能，能使用 Mathematica 的输入输出功能.

二、相关知识

本实验介绍数学软件 Mathematica 的输入输出功能.

1. 基本输入输出

1）交互式输入命令 Input 和 InputString

在 Mathematica 中，除了用符号"="直接给变量赋值以外，可以用 Input 或 InputString 命令进行交互式的输入. 它们的使用格式如下：

Input[ ]：	读入一个输入的表达式；
Input["提示内容"]：	显示提示内容后，再读入表达式；
InputString[ ]：	读入一个输入的字符串；
InputString["提示内容"]：	显示提示内容后，再读入字符串.

例 1

```
n = Input["Please input a number"]
```

运行后，系统会弹出一个对话框，此时，就可在对话框中输入内容.

例 2

```
f [x_] = Input["Please give the Definition of function f(x)"]
```

在弹出的对话框中输入一个函数的表达式就可以通过交互方式定义函数.

例 3

```
g = InputString[ ]
```

运行后系统弹出对话框，此时输入 The value of x is 2，则这句话就成为 g 的内容，以后需要时就可以使用.

2）输出命令 Print 和 StylePrint

通常情况下，如果在 Mathematica 语句结尾不加分号，则 Mathematica 立即输出结果，如果加了分号，则不输出结果. 为了方便在需要的时候可以输出结果，Mathematica 提供了 Print 命令.

Print 命令的格式如下:

Print[表达式 1,表达式 2,…]

该命令依次输出表达式 i 的值,两表达式间不留空格,完成后换行.

例 4

```
Print[1,2,3,4];Print[a]
```

结果为

```
1234
a
```

例 5 打印前三个正整数的立方值 `Do[Print[i," ",i^3],{i,3}]`.

结果为

```
1 1
2 8
3 27
```

`StylePrint` 命令的格式如下:

`StylePrint[表达式,"style",选项]`

按特定式样 style 打印表达式.

例 6

```
StylePrint[x^2 + y^2,"Input"]
```

结果为

$x^2 + y^2$

2. 文件

文件操作:Mathematica 有其默认的工作目录,有关文件操作的命令列于表 39.1.

表 39.1

函 数	功 能	实 例
Directory[ ]	给出现行的工作目录	Directory[ ]
SetDirectory["dir"]	设定"dir"为现行的工作目录	SetDirectory["c:\math"]
FileNames[]	列出现行的工作目录中的文件	FileNames[]
FileNames["form"]	列出名称符合某种形式的文件	FileNames["test * . m"]
CopyFile["file1","file2"]	file1 拷贝到 file2	CopyFile["file1","file2"]
DeleteFile["file"]	删除文件	DeleteFile["file2"]

3. 输入、输出形式

Mathematica 有约 50 个有 form 的输出函数. 表 39.2 列出了部分常用的输

入、输出形式.

表 39.2

函数	功能
InputForm[expr]	一种适于键盘输入的一维表达式形式
OutputForm[expr]	用键盘字符表示的二维表达式形式
StandardForm[expr]	标准的二维表达式形式
TraditionalForm[expr]	传统的数学形式
Cform[expr]	给出 expr 的 C 语言表达式的形式
FortranForm[expr]	给出 expr 的 Fortran 语言表达式的形式
TexForm[expr]	给出 expr 的 Tex 的表达式形式
DisplayForm[expr]	用二维形式或其他形式将表达式显示
FullForm[expr]	表达式的内部形式
TreeForm[expr]	按不同深度显示表达式层次
MatrixForm[list]	矩阵形式
TableForm[list]	表格形式

In[1]:= InputForm[$x^y+\sqrt[3]{z}$]

Out[1]//InputForm=

x^y + y^(1/3)

In[2]:= OutputForm[$x^y+\sqrt[3]{z}$]

Out[2]//OutputForm=

$x^y + z^{1/3}$

In[3]:= StandardForm[$x^y+\sqrt[3]{z}$]

Out[3]//StandardForm=

$x^y + z^{1/3}$

In [4]:= {Abs[x],ArcTan[x],BesselJ[0,x],Binomial[i,j]}//TraditionalForm

Out[4]//TraditionalForm= $\left\{|x|, \tan^{-1}(x), J_0(x), \binom{i}{j}\right\}$

In[5]:= Cform[[(x + Sqrt[y])^2]]

Out[5]//Cform = Power(x + Sqrt(y),2)

In[6]:= Fortranform[a + b x^2])

Out[6]//FortranForm = a + b * x * * 2

In[7]:= TeXForm[Sin[Pi/17]]

Out[7]//TexForm = \sin(\frac{\pi }{17})

In[8]:= SubscriptBox["a","i"]//DisplayForm

```
Out[8]//DisplayForm = a_i
In[9]: = FullForm[a x^2 + b x + c]
Out[9]//FullForm = Plus[c,Times[b,x],Times[a,Power[x,2]]]
In[10]: = TreeForm[a + x(b + x(d + x(e)))]
Out[10]//TreeForm =
Plus[a,|                              ]
    Times[x,|                       ]
        Plus[b,|                  ]
            Times[x,|           ]
                Plus[d,|     ]
                    Times[e,x]
In[11]: = MatrixForm[{{a,b,c},{d,e,f},{g,h,j}}]
Out[11]//MatrixForm =
```

$$\begin{pmatrix} a & b & c \\ d & e & f \\ g & h & j \end{pmatrix}$$

在 Mathematica 中,关于数值输出有如表 39.3 的函数.

表 39.3

函　数	功　能
NumberForm[expr,n] NumberForm[expr,{n,f}]	输出的 expr 精确到 n 位小数 精确到 n 位小数,小数点后有 f 位
ScientificForm[expr] ScientificForm[expr,n]	科学记数法 科学记数法精确到 n 位
EngineeringForm[expr] EngineeringForm[expr,n]	工程记数法(指数是 3 的倍数) 工程记数法精确到 n 位
AccountingForm[expr] Accountingform[expr,n]	标准统计记数法 标准统计记数法精确到 n 位
BaseForm[expr,n]	以 n 为基数给出 expr 的 n 进制表达
PaddedForm[expr,n] PaddedForm[expr,{n,f}]	每个数占 n 位,不足则填空格 每个数占 n 位,小数点后有 f 位
ColumnForm[expr1,expr2,expr3] ColumnForm[list,horiz] ColumnForm[list,horiz,vert]	以列的方式显示 $expr_i$ 以水平方向(center,left,right)对齐列的方式显示 以垂直方向(center,above,below)对齐列的方式显示

三、实验内容

1. 用交互式输入实现基本初等函数图形的绘制,即输入函数即绘制出相应的图形.

2. 编写计算函数 $f(x)=\dfrac{1+x^2}{\sin x^2+\sin^2 x}$ 的 Mathematica 程序,并分别以 TexForm,Cform,FortranForm 输出.

3. 用 Mathematica 程序,输出多项式 $a_5x^5+a_4x^4+\cdots+a_1x+a_0$.

4. 完成实验报告.上传实验报告和程序.

数学实验报告(式样)

实验序号：　　　　　　　　　　　　　　　　　　　　　　　　　　日期:200　　年　月　日

班　级		姓　名		学　号	
实验名称					
问题背景简述：					
实验目的：					
实验原理与数学模型：					
实验所用软件及版本：					
实验过程记录(含:基本步骤、程序的文件名及异常情况记录等)：					
实验结果报告与实验总结：					
思考与深入：					
教师评语：					

参考文献

[1] 盛中平,王晓辉.什么是数学实验.高等理科教育,2001,(2).

[2] 王岩等.数理统计与MATLAB工程数据分析.北京:清华大学出版社,2006.

[3] 李庆扬,王能超,易大义.数值分析.第四版.北京:清华大学出版社,施普林格出版社,2001.

[4] 姜启源等.大学数学实验.北京:清华大学出版社,2005.

[5] 杨振华等.数学实验.北京:科学出版社,2002.

[6] 万福水等.数学实验教程.北京:科学出版社,2003.

[7] 乐经良等.数学实验.北京:高等教育出版社,1999.

[8] 万中等.数学实验.北京:科学出版社,2001.

[9] 李胡锡等.Matlab循序渐进.上海:上海交通大学出版社,1997.

[10] 吴剑等.掌握和精通 Mathematica4.0.

[11] 肯尼思·法尔科内.分形几何——数学基础及其应用.曾文曲等译.

[12] 王家文.MATLAB 7.0图形图像处理.北京:国防工业出版社,2006.

[13] 徐建华.计量地理学.北京:高等教育出版社,2005.